Roosevelt

罗斯福

教我成功的秘密

马 骏◎著

在迷惘的年代，看罗斯福如何走出百年危机；
领略他的人生，进而更好地开创我们的成功人生！

台海出版社

图书在版编目(CIP)数据

罗斯福教我成功的秘密 / 马骏著. --北京:
台海出版社,2012.12

ISBN 978-7-5168-0072-0

Ⅰ.①罗… Ⅱ.①马… Ⅲ.①成功心理–通俗读物
Ⅳ.①B848.4–49

中国版本图书馆 CIP 数据核字(2012)第 300413 号

罗斯福教我成功的秘密

著　者:马　骏

责任编辑:俞滟荣

装帧设计:天下书装　　　　　版式设计:通联图文

责任校对:唐　霁　　　　　　责任印制:蔡　旭

出版发行:台海出版社

地　址:北京市景山东街 20 号，　邮政编码：100009

电　话:010-64041652(发行,邮购)

传　真:010-84045799(总编室)

网　址:www.taimeng.org.cn/thcbs/default.htm

E-mail:thcbs@126.com

经　销:全国各地新华书店

印　刷:北京高岭印刷有限公司

本书如有破损、缺页、装订错误,请与本社联系调换

开　本:710×1000　　1/16

字　数:175 千字　　　　　　印　张:15

版　次:2013 年 2 月第 1 版　　印　次:2013 年 2 月第 1 次印刷

书　号:ISBN 978-7-5168-0072-0

定　价:32.00 元

前　言

　　罗斯福作为美国人民最爱戴的总统，美国历史上唯——个连任四届（第四届未任满）的总统，首创了资本主义国家政府干预、管理经济的先河，是宏观经济学的率先实践者，二战时期决胜全球的风云人物，功绩不可谓不卓著。

　　对于罗斯福的成功原因，我们要从多个方面来看。

　　首先要从罗斯福的性格上看。从小他的父亲便培养他战胜狂风恶浪的勇气，他的母亲赋予他那终生威严不可侵犯的气度，使他成为一个大胆、乐观、坚强的人，让他即使得了小儿麻痹症，也不对厄运妥协。

　　罗斯福在就职时说："我们唯一值得恐惧的就是恐惧本身——会使我们变退却为前进的努力陷于瘫痪的那种无可名状的、缺乏理性的、毫无根据的恐惧。"

　　其次，罗斯福坚定不移地实施新政帮助他成功地克服了危机。罗斯福第一个"百日新政"中的《银行法》、《联邦紧急救济法案》、《房屋贷款法案》、《"证券真实"法案》、农业信贷管理局等，都是他针对人们的需要和社会状况作出的"大胆、持久的实验"。直到今天，新政的许多内容和做法仍被一些国家借鉴，意义是巨大而深远的。

　　第三，罗斯福作为一个具有远见的政治家，对解决危机有独到的见解。他认识到用老办法来改变经济萧条是完全无济于事的，他要求国会扩大总统权力，使国家参与并调控经济，把政府管理经济这只"有形的手"和市场经济运行中的"无形的手"有机地结合起来。舆论说，用这种"结合"管理经济的手段犹如"黑沉沉的天空出现了一道闪电"，对收拾局面、稳定人心、发展经济、走出困境起到了重要作用。

第四，罗斯福明智地采取了与人民交流的正确方式。他的"炉边谈话"（一种非正式广播讲话，以聊天的形式及时地把大政方针告诉给人民）常以"我的朋友们"开始，这一作法以最直接最有效的方式与人民沟通，使人们及时了解新政，了解总统的思想变化，从而缩小总统与人民的距离，使人们对他更信任，让他可以最大地发挥新政的作用，更好地安定人心。

第五，罗斯福有高明的用人之道。他带有实用主义观点的政策，大都来自他那由各方面人才组成的参谋班子。他们能在一般事物中发挥自己的合理思维和分析才能，在特定的领域里施展他们的专业知识。罗斯福成功地领导美国经济走出危机，其忠心耿耿的助手们帮了他很大的忙。

在闻名世界的总统中，罗斯福毫无疑问是杰出的，他斗志昂扬、勤奋学习、不屈不挠，尤其是二战期间的杰出表现，使人们更加尊敬他。

罗斯福，是奋斗的旗帜，是拼搏的象征，值得我们每一个人真诚地向他学习！

目 录

CONTENTS

第二章　他的信念

> 罗斯福热情、自信的声音引起了中西部、南部等地广大选民的共鸣。"恐惧敲响了你的门,信念让你打开了门,你发现根本没有人。你害怕的东西并不存在。你只是不断地给自己制造恐惧。"
>
> 在成功者的眼中,最重要的是,不管遭受怎样的困难,都不要害怕或担心。因为这种害怕或担心,会使困难更加困难,会让你因自我设限而变得不可能突破。

第三章　他的行动

罗斯福认为人生的成功分两种：一种是有超常的才能和出众的禀赋，这类人为数不多；更多的人取得成功是通过艰苦不懈的努力。

罗斯福说："在未经艰辛劳动，并运用最佳判断力和细心计划以及提早进行长时间工作的情况下，我从未获得任何东西。"

第四章　他的用人

罗斯福先后向许多知名人士请教，耐心听取他们的建议，同时将一批聪明能干、富有政治责任心的青年才俊招进政府，委以重任；之后，大胆改组领导团体，裁汰冗员及不负责任的官吏，组建了一支行动果断、办事高效的新型领导团队。在这些人的协助下，罗斯福废除旧制，改革弊政，不久就把政务管理得井井有条。

第五章　他的责任

> 　　罗斯福说:"人人都必须有责任感,人人都应当笑对自己的责任;
> 生活的美好与义务和责任同步,那些想不付出什么努力、老是抱怨自
> 己没有生在富贵之家、不能轻而易举地享受生活乐趣的人,简直不配
> 做人。"
>
> 　　成功与人的性格、心胸、知识、素质甚至民族、种族都没有必然的
> 联系。在成功人士身上,只有一点是相同的——那就是负责!

成功的道路有很多条,但是成功的目标往往只有一个。

成功的方法有很多种,但是成功的原则往往只有一条。

其实许多平凡人身上有许多和声名赫赫的成功人士一样的远大抱负和吃苦耐劳精神,但是为什么成功女神没有青睐他们?

原因是成功者往往能同时启用目标和原则。就像罗斯福说的:"人生就像打橄榄球一样,不能犯规,也不要闪避,而应向底线冲过去。"

有一次,罗斯福家中失窃,损失惨重。朋友写信安慰他,罗斯福回信说:"亲爱的朋友,谢谢你的安慰,我现在一切都好,也依然幸福。感谢上帝。因为:第一,贼偷去的是我的东西,而没有伤害我的生命。第二,贼只偷去我部分东西,而不是全部。第三,最值得庆幸的是,做贼的是他,而不是我。"

然而,绝大多数人并不这样想。其实,幸福是有一个底线的。林语堂曾说:"我们终究在这尘世生活下去,所以我们必须把哲学的天堂带到地上来。"那么什么是"哲学的天堂"呢?也许就是罗斯福所说的"幸福并不仅仅取决于拥有多少钱财,而在于成功的喜悦和创造活动所带来的心灵震颤"吧。

第一章

他的人生

——"我只是个普通人，但是，我的确比普通人更加努力"

美国著名记者约翰逊在《罗斯福传记》中写道："他推翻的先例比任何人都多，他砸烂的古老结构比任何人都多，他对美国整个面貌的改变比任何人都要迅猛激烈。然而也是他最深切地相信，美国这座建筑物从整体来说，是相当美好的。"

罗斯福是20世纪最受爱戴的美国总统——他虽然出身贵族，但却相信平凡人的价值，并且为维护百姓的权利而战，有着慑人的魅力。他愉快地工作，对未来充满信心。他带领美国走出经济困境，改变了美国人的生活方式，捍卫了民主政体，帮助世界维护了安全……他的一生，就像他自己说的那样："我只是个普通人，但是，我的确比普通人更加努力。"

赫德逊河畔的少年
——出身望族却相信平凡人的价值

　　纽约州赫德逊河河谷,土地肥沃、林木繁茂、交通便利。在距纽约市区约100英里处的河谷东岸,有一大片山岭逶迤的高地。高地的一个小山丘上座落着一幢气势不凡的宽敞楼房,这就是罗斯福家族的宅第。1882年1月30日,富兰克林·德拉诺·罗斯福出生于此。他,后来成为美国第三十二任总统。

1. 海德公园的童年——严格而又充满关爱的教导和训练

　　对于年幼的罗斯福来说,舒适的住宅和海德公园是自己的整个世界:共有三层的住宅楼宽敞明亮,四周环绕着优质护墙板和狭长的阳台,房顶上有一个可以眺望大海的平台,楼房正面配有一条长长的带扶手栏杆的门廊,正对着大门的马路西边伫立着一排排爬满长春藤的高大石柱。围绕着整幢楼房的是修剪整齐的花坛、草坪和各种高大的树木,有铁杉树、榆树、槭树、栗子树、水青冈树等。楼房右边有一个暖房和被高大的铁杉树围起来的玫瑰园,左边有冰窖、谷仓、厩棚、葡萄园。

　　小罗斯福的活动室设在三楼,透过百叶窗他可以看见如茵的青草漫过远处低缓的山岗,成群的牛羊以及詹姆斯亲自培育出来的良种马正缓步在草地和树丛间,稍远处是一片片翻耕的田地和整齐的牧场。小罗斯福常被抱上楼顶平台乘凉。从这里放眼望去,赫德逊河的美丽景致一览无余:平静的水面上白帆点点,更远处是湛蓝的大海。

整个赫德逊河谷肥沃的土地只归纽约州十几家名门望族拥有。罗斯福家的邻居大多是实业界的头号人物,范德比尔特、罗杰斯、艾斯特、奥格顿就住在附近,小罗斯福常和这几家的孩子们嬉戏玩耍。

母亲萨拉在罗斯福出世后不久就开始记日志,20年来从未停止。儿子的一举一动、一言一行她都会毫无纰漏地记录在案,儿子穿过的衬衣、鞋子、小袜子以及稍大些时的信件、考试卷,她也都保存了下来。

今天,人们正是通过这十几本厚厚的密密麻麻的日记和一大摞早年的信件,才得以更为清晰地看到罗斯福早年的生活情景。

童年的罗斯福在生活中受到了严格而又充满关爱的教导和训练。

(1)罗斯福到5岁时才开始自己穿衣服,9岁时才被允许自己洗澡。他每天都要花一定时间来完成父母为他制定的各项训练计划

罗斯福的母亲萨拉在日记中写道:"我们并不让孩子做大量没必要做的事,虽说那些于他有益的规定必须严格遵守。我们不仅仅是为了严厉而严厉,实际上,我们也暗中感到骄傲,因为罗斯福似乎天生就不需要那样的约束。"

詹姆斯夫妇从小就为儿子的成长规划了一个并不富弹性的框架,好在他们并没有刻板地强迫儿子接受这种塑造。父亲有意识地要将他培养成一名具有十足海德公园气派的美国绅士,而母亲更溺爱儿子一些,似乎一心想让儿子永远地和自己依偎在海德公园这个宁静、安全、没有险恶挑战的世外桃源中。她小心谨慎地尽量不让儿子感知到这个世界上那些层出不穷的忧愁、苦难及其他令人震惊的消息。

詹姆斯深信:"只要让罗斯福的脑海里时刻充满着美好的事物,心灵中不期而至的高尚境界就能自觉地抵御粗俗、懦弱和邪恶,而达到这一目标的重要途径就是尽量让健康有益的自由活动充实他的身心。"

罗斯福是独生子,这个家庭一切都是以他为中心,没有兄弟姐妹同他争宠,同他抢夺玩具或者带他走出父母的安乐窝去过学校生活,这样的环境培养了他的优越感以及基于自信的平静性格。多年以后,心力交瘁的罗斯福坐在白宫里不止一次地说道:"我的灵魂召唤我回到赫德逊河畔。"

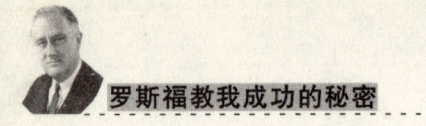
(2)在罗斯福的整个童年时代,父母总是带他到各地旅行

几乎每年夏天,詹姆斯夫妇都要去芬迪湾的坎波贝洛岛。那里属缅因州,位于帕塞马科迪海湾的入口处,濒临风急浪高的大西洋,气候潮湿、凉爽。他们在岛上买了一块约两公顷的土地,建起了一幢小别墅。詹姆斯还买了一条51英尺长的"半月号"小汽艇,罗斯福常跟着父亲乘船出航,遨游在浩淼的海面上,并很快掌握了驾船技术。

14岁以前,罗斯福随父母和家庭教师共去过欧洲9次,对伦敦、利物浦、巴黎、柏林和莱茵河十分熟悉。他们有时在那里一住就是几个月,接触的尽是上流社会的家庭。年事已高的父亲在温泉疗养地度假时,罗斯福会骑着自行车来往于荷兰和法国的一些地方,或者去拜罗伊特看歌剧,或者到布劳恩山攀登黑森林。1939年,他对人说道:"我自幼对德国就比对法国和英国要了解得多。"

(3)具有一些模糊社会正义感的家庭教师,设法让罗斯福的思想超出家庭的范围

罗斯福7岁了,父母以极大的责任感和自信着手安排他的学习。虽然海德公园村有一所学校,但他们不愿让儿子去同一般人家的子女一起接受普通教育。

一开始,罗斯福在邻居罗杰斯家的一个由德国女教师主持的小班里上学。以后,家庭女教师和私人教师被不断地请到家中来。第一位女教师莱因哈德教罗斯福德语和小学课程,教学效果良好,可惜她后来因病住进了精神病医院。接替她的是来自瑞士的米尔·丁·桑托斯小姐,她每天教罗斯福6个小时的法语、英语和欧洲史。具有一些模糊社会正义感的桑托斯小姐设法让罗斯福的思想超出家庭的范围,让他了解海德公园以外广阔世界的苦难和纷扰。

在一篇关于埃及的作文里,10岁的罗斯福写道:"劳动者一无所有……国王强让他们干重活,可给他们的东西却少得可怜!他们濒临饿死的边缘!没有衣服穿!大批大批地死亡!"

这时的罗斯福开始阅读大量的书籍,他喜欢读马克·吐温的作品,后来

他曾对人说："如果有人喜欢我的措辞和演讲风格的话,那么这很大程度上是我长期阅读马克·吐温作品的结果,它们对我的影响比别的作家的作品都要大。"

罗斯福经常独自待在楼上,入神地阅读那些已经读了许多遍的关于海洋的寓言故事,以及那些布面装的记录19世纪初捕鲸船的航海日志。母亲也经常指导儿子读一些内容严肃的书,9岁时罗斯福认为所有的杂志中,《科学美国人》最好,而在他这个年龄段的大多数孩子很难对这类杂志产生兴趣。他记忆力不错,背词汇的能力特别突出。这为他后来成为美国历史上少有的能讲法、德两门外语的总统奠定了基础。

2. 格罗顿公学——不但重视智力发展,而且重视道德和体力方面的发展

由于母亲萨拉割舍不下,直到1896年9月,14岁的罗斯福才进了寄宿学校——由思迪科特·皮博迪博士创办的著名的格罗顿公学。

14岁的富兰克林·罗斯福设法插入了三年级。他在海德公园的伙伴小埃德蒙·罗杰斯同他一起入学,而他的侄子塔迪·罗斯福比他高一年级。罗斯福班上的其他孩子中,9个来自纽约市,7个来自波士顿,2个来自费城。只要稍微看看那些姓氏,我们就能知道他们尽属于东海岸中心城市的名门望族。据当时统计,格罗顿公学6个班级的学生,有90%以上出身于美国上流社会家庭。

皮博迪的教育思想体系并不复杂,他十分明确他的教育目的之所在:"要培养出勇敢的基督性格,不但重视智力发展,而且重视道德和体力方面的发展。"他希望格罗顿公学的这些富家子弟将来成为改善社会的栋梁之材。

皮博迪曾对人说:"如果格罗顿培养的学生不从事政治并为国家作出贡献的话,不是因为我没有敦促过他们。"他所关心的是造就一个"有行动、

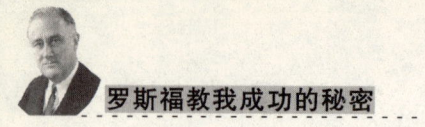

有信仰、思想健全的人,而不是整日冥思苦想的学者"。

(1)皮博迪推崇宗教精神、性格形成、体育活动和学业,而且它们的重要性是依次排列的

皮博迪的献身精神和充满热情的性格使全校师生受到了感化。他身穿蓝色西服,上浆的领口打着白领结,每天都认真地巡视课堂和宿舍,劲头十足地参加学生的各种比赛,睡觉前跟100多名学生一一握手道别,嘴里还不停地宣讲着美好的基督教义。他支配着学校的一切,学生们对他既爱又怕。

罗斯福虚心地接受着校长的这些训导,并将其中的很多内容变成自己的信条。

1940年,罗斯福在给年迈的校长的信中写道:"40多年以前,您曾在旧教堂的一次布道中讲过,不能让青年人的生活丧失理想,一个人即使在晚年也不应当失去童年时代的梦想。这就是格罗顿的理想——我极力不把它忘记,一直到现在它还在我耳边回响。"

我们可以认为,皮博迪在少年罗斯福世界观趋于成形的过程中起到了重要作用。杰出的皮博迪校长以其人格力量在每一个格罗顿学生身上打下了或轻或重的烙印,罗斯福也不例外。

(2)强调生活简朴、锻炼意志

皮博迪校长把英国伊顿公学的那套管理方式搬到了格罗顿。为了强调生活简朴、锻炼意志,学校还额外规定了一些斯巴达式的生活规则:学生们一律住在10英尺长、5英尺宽的单独小寝室里,室内的布置陈设简陋到了极点,房门口挂着一块布帘权且当门;学生们早晨7点起床洗冷水浴,在皂石洗涤槽里用铁皮脸盆洗漱;全体学生必须在一整天里严格遵循校长规定的日程表,不得有误;参加集体晚餐时要穿戴整齐,白衣领要浆得和校长一样笔挺,而且要穿皮鞋。

罗斯福刚进校时,操着浓重的英国口音,有些不太合群。因学校里有一个年龄比他大的名声不太好的侄子,因此他得了个绰号"富兰克叔叔"。但过了不久,罗斯福逐渐学会了与同龄人相处,他较快地克服了一般插班生

因突然面对全新环境而产生的羞怯、焦虑、失落等不适应情绪,并从容地进入了角色。

(3)大力推崇体育活动

同英国的学校一样,格罗顿公学大力推崇体育活动。身材瘦长、肌肉不够匀称发达的罗斯福自然不能靠出色的体育成绩来出人头地,但他还是充满热情地参加足球、垒球、篮球、拳击、划船等体育日程表上所罗列的一切项目。有些项目轮不到他上场比赛,他就在场外当啦啦队员,有时甚至会喊哑了喉咙。

1897年的暑假,罗斯福的父亲送给罗斯福一艘长约21英尺的单桅小帆船。在随后的几年里,罗斯福常或是独自一人,或是同朋友们一起,驾着这艘被命名为"新月号"的帆船出海,详细地考察了无数个小海湾。芬迪湾里哪有激流险滩,何时潮涨潮落,罗斯福都一清二楚。这一时期,他阅读了埃德加·麦克莱的《美国海军史》和海军上将阿尔弗雷德的《制海权的影响》,为其中透彻的见解和缜密的逻辑力量所折服。

(4)罗斯福对于美国下层社会的了解和关心,也是在格罗顿时期形成的

40年后,富兰克林·罗斯福写信对皮博迪校长说:"我认为在我的思想性格正在形成的时期,接受您的教诲,是我一生中的一大幸事。"

皮博迪校长的信条之一就是:获得受教育的优越机会同时意味着负有为祖国服务的义务,以及为不够幸运的同胞们谋取福利的义务。

事实上,罗斯福对于美国下层社会的了解和关心,也是在格罗顿时期形成的。皮博迪基于其基督教信仰长期从事社会福利公益活动,格罗顿公学一直为穷苦的孩子们举办夏令营,而罗斯福热心地参加服务工作。他从皮博迪那里所学到的,就是为时乖命蹇的人服务的基督教绅士的理想:即坚持拥有特权的美国人将在解除国内和国际间的疾苦中起作用。皮博迪付出了巨大努力教诲他的学生们时刻铭记这些人间疾苦。皮博迪和格罗顿公学帮助罗斯福形成了他对社会问题的基本看法。

1934年,罗斯福写道:"在我的一生中,除了父母之外,皮博迪博士和夫人对我的影响和将要给我的影响比其他任何人都大。"白宫举办的非官方

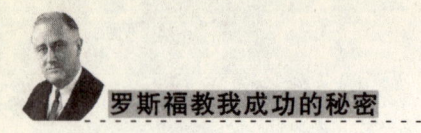

性质的仪式活动,罗斯福都尽量请皮博迪博士来主持。

1900年6月,18岁的罗斯福结束了格罗顿公学的学习生活。临毕业前他戴上了夹鼻眼镜,于英俊中透出几分秀气和成熟的睿智。他得到的纪念品是40卷的莎士比亚全集。皮博迪校长在他的毕业证书上写道:"他是个诚实的学生,在整个学习期间,他在集体中的表现是非常令人满意的。"

1932年年底,罗斯福当选为美国总统,立即处于镁光灯下的皮博迪校长激动地当众宣布:"富兰克林·罗斯福就是当年在格罗顿学习的少年,这是有据可查的。我认为,关于他在学校时的表现,还应当多说几句。他当时是一位沉着冷静的普通少年,他的才能要比许多同学强一些,在班里表现比较突出,但还不是最优秀的学生。他的身体较弱,因此在体育方面没有成就。我们大家都喜欢他。"

3. 哈佛优等生——一个不会在打击面前自暴自弃的人

哈佛大学的生活丰富多彩,散漫自在,学生中来自名门世家的占了相当高的比例。一个人在社交圈和体育活动中的表现好坏往往决定了他在校园里的声誉和地位,因而罗斯福又一次面临他在格罗顿时的困境。

(1)用不懈的努力所换回的成就来抚平心灵的创伤

几乎没有拿手的运动项目能让罗斯福出人头地。他竭尽全力,弄得伤痕累累,才当上了一年级橄榄球队的后边锋,可是,仅仅做了两个星期,他就被撤换了下来。后来罗斯福被选为一支三流橄榄球队的领队,才总算抚慰了他受挫后的失衡心理。罗斯福还致力于划船比赛和合唱队的排练,但终究未能在正式队员中占有一席之地,好在他被选为了新生合唱队的秘书,这才减缓了他所承受的又一次打击。

然而,最大的打击来自于罗斯福在社交活动中的努力。哈佛当时名目繁多而等级森严的社交俱乐部林立,那些最高级的令人向往的俱乐部大都是直接通向波士顿乃至全美国上流社会的桥梁,其中最精英、最受人尊敬

的是"波尔柴兰"俱乐部。20多年以前罗斯福的远房堂兄西奥多·罗斯福曾是其会员，而不知什么原因它现在却将富兰克林·罗斯福拒之门外。

罗斯福是个不会在打击面前自暴自弃的人。他渴望在哈佛出人头地，并藉此赢得同学和社会名流的青睐，所以他依旧热衷于参加课外活动。

从不一味悲观的罗斯福，迂回到其他方面，用不懈努力所换回的成就来抚平这一心灵创伤。

罗斯福参加了名望稍差的旗帜俱乐部，并担任起其所属图书馆的首席管理员。不久，他采纳了波士顿一位售书商的建议开始藏书。起初他收藏关于美国的一般书籍，后来他将收藏范围缩小到含有军舰内容的书籍、杂志和图片。之后，罗斯福还被选入哈佛联合图书馆委员会，并加入了其他的几个社交俱乐部。临近毕业时，罗斯福当选为优等生委员会常务主席。

1901年，罗斯福以自己出色的表现被选为哈佛《红色校旗报》的编辑。这时，他的远房堂兄西奥多·罗斯福如一颗耀眼的星星，冉冉升起在美国政坛上空，这无形中给他带来了几份额外的荣耀。

罗斯福这个姓氏知名度骤然提高后，富兰克林·罗斯福巧妙利用自己的特殊身份，为自己挣得了不少荣誉和好处。

罗斯福曾不失时机地利用一次作业以自己的家族为题写了一篇论文。

他让母亲把海德公园家中放在祖传《圣经》旁的那些布满灰尘的家族记事本寄来。

在对祖先们的活动及其关系作了一番考证和研究之后，罗斯福写道："如今纽约的一些有名望的荷兰家族除了他们的名字之外，什么也没有留下。他们不仅人数屈指可数，还缺乏进取性和真正的民主精神。罗斯福家族朝气逢勃并富于生命力的一个原因，或许是主要原因，正在于他们具备了真正的民主精神。他们从不认为自己生在优越的殷实之家就可以双手插进口袋而坐享其成。与此相反，他们认为，出身于富裕高贵之家的人没有任何理由可以不对社会履行天职。罗斯福家族的人之所以在各个方面都能被证明是优秀的，是因为他们自幼就受到了这种思想的熏陶。"

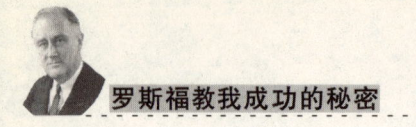

随后,罗斯福在分析这些"优秀公民"何以会对美国社会作出重大贡献时,强调了荷兰人的顽强和执着——而这一切都沉淀、沿袭并展现在罗斯福家族的成员身上。

(2)潜移默化中罗斯福受到了哈佛全方位的影响

事实上,哈佛不大可能真切而具体地传授给罗斯福一些作为未来政治家的治国韬略及其实用操作技巧,它只是以其整体氛围赋予罗斯福一种气质或禀性,一种对事物整体上的判断力和理解力。

迄今为止,哈佛大学历史上共出了8位美国总统,分别是:约翰·亚当斯、约翰·昆西·亚当斯、拉瑟福德·海斯、西奥多·罗斯福、富兰克林·罗斯福、约翰·肯尼迪、乔治·沃克·布什(即小布什)和贝拉克·侯赛因·奥巴马。亚当斯父子是其中之二,他们的后裔、同是哈佛毕业生的亨利·亚当斯曾写道:"哈佛是一所具有宽容精神和自由主义色彩的学府,它把青年们培养成高尚体面的公民,然后输送到社会上去。"

尽管罗斯福在哈佛没有充分显示出赫伯特·胡佛10年前在斯坦福大学所表现出的政治才干和领袖气质,但他确实从4年的经历中得益匪浅并受用终生。他取得的成就主要是在教室之外,而这些成就往往是在他经历了一系列类似的不被承认、排挤、冷嘲热讽等打击之后取得的。罗斯福没有陷入因受挫和自身缺陷所可能导致的无穷无尽的自卑情结中,而是将之"埋在心底"。

对此,曾长期在罗斯福手下工作的雷克斯福德·G·特格韦尔分析道:"早在哈佛的时候就无法猜透富兰克林的心思,在他当总统后更是如此。他不让任何人识破他的内心活动……在他的童年和少年时代,父亲、家庭教师、皮博迪和朋友们对他的教育和影响使他养成了深沉的性格。他以坚韧不拔的精神承受病痛、困难和失败的折磨,自幼养成既不得意忘形也不悲观失望的性格。富兰克林想把自己天生的缺陷隐藏起来,把明显的弱点掩盖起来,把幻想中重大的但还模糊不清的想法埋在心底。他最明显的一个缺陷是他成长得晚,结果他的性格中留下了一些令人不解的东西,他了解已经发生和将要发生的一些事情,但不能准确说出为什么会发生这些

事情。他尽了最大努力来掩盖这种迟疑心理。当他在哈佛毕业时,他的深沉性格实际上已发展到了顶点。"

的确,坚韧不拔的隐忍和深沉的性格支撑罗斯福的自信,即对自己所从事工作的价值和重要性抱有绝对的平和和自信。这使罗斯福在日后面对来自未知领域的险恶挑战时,一次次涉险过关,并显示出惊人的独创性和灵活性。

(3)在实现自己远大目标的征途上迈出了成功的第一步

1904年6月,罗斯福正式告别了哈佛大学。他的家世、教养、特殊身份以及教育程度使他产生了一种优越意识。他踌躇满志,意气风发,认为自己"应该在美国社会中成为一位举足轻重的人物"。萨拉·罗斯福也承认:"他的父亲和我总是对富兰克林寄予极大的期望……我们认为他应当能取得优胜,一旦他确实成功时,我们很高兴,但并不吃惊。总之,他有许多其他孩子所不具备的条件。"

在从哈佛毕业后的五年里,富兰克林·罗斯福一直游弋不定。他进入哥伦比亚法学院,但繁琐精细的法律条文令他索然无味,他沮丧地给老校长写信说:"我正在试图对这种工作有所了解。"他没有参加毕业考试,所以在1907年离校时没能拿到法学学士学位,只是在此之前通过了纽约律师协会的考试。

罗斯福随即进入了坐落在华尔街54号著名的卡特·莱迪亚德·米尔本法律事务所,在这里充当一名初级书记员。第一年见习期没有薪水,第二年开始拿微薄的工资。好学的罗斯福整天只能泡在办公室里打杂,间或受理一些小官司。他缺乏经验,律师才能也不出众,有时他靠投机取巧,靠绕开实质内容而专攻诉讼形式,也打赢了一些小官司。通过一些不大的诉讼案件和在律师事务所里接触的形形色色的人,罗斯福比较深刻地认识了自己的国家。后来他被调到该事务所的海事法律部,才对工作有了些兴趣。每个周六下午,事务所年轻同事们的自由聚会也让他感到些兴趣。同事们都视罗斯福为一个与自己没有利害冲突的乐天派。

这段时光平静而寻常,传记作家们一般称之为罗斯福的"静止阶段"、

"社会心理发展的暂停期"或"韬光养晦的6年"。在海德公园，罗斯福承担了一些与其地位相称的具有献身社会意味的义务工作：他参加了志愿消防队，成了一名义务消防队员；他担任了赫德逊河水上游艇俱乐部副主席和圣詹姆斯主教派教会的教会委员；此外，他还是波基普西第一国民银行的董事。通过积极参加这些组织和协会的活动，罗斯福初步掌握了同各阶层人士打交道的技巧，并很快成为该社区中年轻活跃的栋梁。罗斯福乐观随和，同邻居搞得很熟，口碑很好，已在不知不觉中按着前人惯用的方式，为日后自己在这个社区竞选职位打下了基础，这实际上是他实现自己远大目标征途上迈出的成功第一步。

初出茅庐
——敏感捕捉机遇，登上政治舞台

罗斯福后来在回忆起这段初涉政界的经历时写道："现在我介入了政治，已经成了一个政治家。初胜的时刻可能是任何一位职业政治家经历的一次最严重的危机。一直到那时，我的行为还一直停留在书本理论阶段……尽管我以前在理论上研究过这类问题，但由于它们的具体性及人们的运用，我感到实践更有趣。"

1. 奥尔巴尼最年轻的议员——吸取教训才能找到让自己出人头地的机会

平淡无奇的律师事务所的工作促使罗斯福久静思动，他对律师事务所的同事们吐露了自己对未来前程的规划：进入政界，先当州议员，然后当助

理海军部长,再当纽约州州长,最后当美国总统。

之后,29岁的"新手"富兰克林·罗斯福踌躇满志地来到了他的办公地——纽约州首府奥尔巴尼。他在州议会大厦附近以每月400美元租金租下了一幢三层的楼房,然后把妻子埃莉诺和儿女们接来一起住。由于州议员的年薪只有1500美元,一般议员仅在开会期间来此租个便宜房间住,而把妻子和儿女留在家中,所以,罗斯福的家成了民主党进步派议员经常聚会的场所。

罗斯福作为州议会里最年轻的议员,一出场就表现为一个不甘平庸的进步派。尽管罗斯福初来乍到,一开始只能随着进步派议员们泛泛地重复那些诸如反对党魁专政、纯洁政府机构等改革主张,但不久,他就找到了一个可以让自己出人头地的机会。

当时的联邦参议员还不是由选民直接选举,而是由州议会推选,而纽约州的民主党组织长期被纽约市最具实力的坦慕尼协会所控制。党魁查尔斯·F·墨菲已经决定推举威廉·F·希恩作为民主党的候选人。希恩是个有着极不光彩经历的、政治气质低劣的雇佣政客,他许诺自己一旦跻身于参议院这个"百万富翁俱乐部"后就回头报答坦慕尼厅的栽培之恩。这项提名遭到了纽约州北部独立民主党议员们的反对。罗斯福审时度势,甘愿付出违反核心小组的规定而成为反叛者的危险代价,毅然加入了反对者的行列,并很快成为其领袖。双方随即展开了旷日持久的激烈论战。虽然结局是令人沮丧的妥协,罗斯福却因此声名大噪,一跃成为带头反对坦慕尼厅的英雄,引起全国舆论的瞩目。罗斯福不仅没有像以前的反叛者那样为个人的自由思想付出惨重的代价,还在诡谲的政治斗争中经受了一次生动而又难得的锻炼。

1911年秋,罗斯福去特伦顿拜访了新泽西州州长威尔逊。当罗斯福被引进到威尔逊那安静、舒适、四壁书柜上摆满了精装书的书房时,他立即被威尔逊那冷峻的外表、博学善辩的才华和深邃明澈的理智所折服。罗斯福发现,州长的一些思想就是他自己的想法,现在经过州长智慧的提炼,自己的某些想法开始变得异常地清晰确切了。

1912年年底,罗斯福在民主党兴起的浪潮中再度当选为纽约州参议员。

罗斯福在州议会里担任农业委员会的主席,开始施行自己的农业进步主义政策,并为劳工问题和自然资源保护方面的立法展开积极工作。

两年半的纽约州参议员的从政经历对年轻的罗斯福而言,的确是一次全面而生动的政治教育。他向各种有经验的人学习,并且进步很快。

2. 进入海军部——从善如流、集思广益、为我所用

罗斯福自童年时代躲在阁楼上翻看那些蓝布封面的捕鲸船日志起,就喜欢上了船和大海。年少的他想方设法地收集船舶的模型和图片,以及旧船上的测程仪、海洋画册等。他贪婪地阅读美国海军的历史和马汉上将的著作,强烈的蔚蓝色之梦曾一度使他萌发了进海军学校的想法。他曾驾着他父亲和自己的帆船,在坎波贝洛沿海一带度过了无数个盛夏。离开哈佛大学时,他收集的有关海军和船舶的书籍、小册子、论文、手稿、原始文献等共计1万多件。

在1913年3月进入海军部时,罗斯福已经是一位众所周知的具有丰富舰船知识和海军业务知识的内行了。相比之下,他的顶头上司,比他大20岁的海军部长约瑟夫斯·丹尼尔斯倒是个不折不扣的外行。

进入海军部使罗斯福的职业与爱好得到了近乎完美的统一,但更为重要的是,罗斯福把这一步看成是自己实现下一个政治目标的契机或阶梯。

海军部只设一名助理部长,7年多里,罗斯福日复一日地处理着那些层出不穷而又棘手的行政事务,积累了使他日后当上总统也受益匪浅的丰富的行政管理经验。

(1)他广泛听取意见,凡是好的建议一概采纳,而从不去考虑它出自于谁

罗斯福呼吁文职人员和海军军官之间要精诚合作,尽量减少意气之

争和平狭的派性磨擦。"在我看来,没有什么比让大家感到是'来自同一个俱乐部'更能提高工作效率的了。"

罗斯福对由一大堆惯例、手续和规定所垒起的陈规陋习,毫无生气且压抑个性的等级制度、繁文缛节、衙门作风深恶痛绝。他在作出某项决策并采取相应行动时,尽量绕开这些羁绊而去充分相信那些已被证明是正确的东西。罗斯福决定对东西海岸的所有军用造船厂进行一番关、停、并、转的大改造,将具备条件的厂改为能够充分开工和自给自足的工业基地。这些改造因计划周密,工程效率高,为政府节省了大笔资金。

(2)罗斯福总是直接了解各种情况,通过形形色色的人来不断丰富自己对政府僵化、繁琐的工作方式的认识

罗斯福在采购军需、签订订货合同、负责基本建设时,不得不同承包商、经纪人、制造商进行复杂而艰难的周旋,同这些对手的谈判和争论提高了他作为一名进步政治家的声望。在面对那些为争夺装甲钢板营造权而作出相同投标报价的制造商、垄断优质煤的矿场主、哄抬物价的投机商、索取高额佣金和回扣的经纪人时,罗斯福不得不与之正面交锋,寻求有利突破口。海军的费用总开支取决于国会的定额拨款,罗斯福的立场是,让每一分钱发挥最大的效益,用节省的经费来购买更多的军舰。

有一次,几家美国主要钢铁公司提出同样报价竞争装甲板的建造合同,而罗斯福选择了一家报价低廉的英国公司,美国制造商协会指责罗斯福这种"非爱国主义的行为"。罗斯福愤怒地反击,声称这些趁国家卷入战争之机而欲大捞一把的制造商根本不配奢谈爱国主义。

另有一次,为了省钱,罗斯福从其远亲经营的维拉德·布鲁斯公司购进了一批质量有问题的煤,国会为此进行了调查并举行了听证会。罗斯福在罗伯茨众议员的质询下坦率地指出,此举旨在打破荒谬的煤矿价格垄断,况且他在购买了一小部分煤并发现其质量不好后,已主动中止了这份带有试验性质的合同。

罗斯福在战时负责分配订货单,他认为政府企业在战时的主要职能是补充私营工业的不足,所以大部分订单应理所当然地分配给私人承包商,一般来说,这个过程是比较容易以权谋私的。罗斯福很清楚共和党将在下一年控制国会,而威尔逊领导下的战争方针,包括海军部的战事行为均将受到严密的审查,他显然不能让自己处于易受国会任何攻讦的位置上。结果,战后国会的调查委员会除了发现罗斯福过多地照顾了海军造船厂的工会,以及将部分订货单分给了与自己有交情的公司外,在海军部战时由他负责的几十亿开支中竟然没有任何可称之为丑闻的事件。

罗斯福在处理具体问题以及应付局势方面进步得很快,他总是直接了解各种情况,通过形形色色的人来不断丰富自己对政府僵化、繁琐的工作方式的认识。陆军部长牛顿·D·贝克对弗兰西斯·帕金斯说:"年轻的罗斯福很有前途,不过我认为这样不加选择地和人们保持广泛的交往会耗尽他的精力。但正如我所观察的那样,他正是依靠这种交流来澄清自己的,并丰富自己的经验的。"

罗斯福有时像一块海绵,不加区别地吸收各种知识和意见;有时又像集邮那样,先从各种角落搜集意见,然后再由自己决定把它们放在哪里。

(3)罗斯福自己很少制定新政策,但他会从各方面吸取新东西

几乎罗斯福所涉及的每一件重要事务都包含着政策、技术、政治和商务等诸要素,而罗斯福总是每走一步就看一下结果。"他的态度是:不断地将坚定的行动与谨慎的承诺以及对结果的关注结合在一起。"他如此热衷于试验和探索表明了其风格的灵活,这种风格也集中体现在他与人们的交际方式上。

海军部还负责美国海外领地以及驻有美国海军陆战队的所有地方的事务。罗斯福作为助理海军部长要不时地前往这些地区巡视,他去过加勒比海地区的巴拿马、波多黎各、海地、古巴、多米尼加、维尔京群岛,太平洋地区的萨摩亚群岛、关岛、菲律宾、夏威夷、威克岛、豪兰克等地,还去过大小无数的海外海军基地。每到一处,他都会认真检查驻地军官所采取的步骤及其后果,鼓舞海军士兵的士气,监督属地法令的实施。几乎每次从海外回来,他都要照例呼吁一番,主张美国应当拥有强大的主力舰,以保卫这些海外领地和军事基地。

在从1913年到1920年的7年里，罗斯福是否自始至终都心无旁骛地完全埋头于海军事务而无暇他顾呢？

罗斯福虽热爱海军，但这毕竟不是他的终生事业。他明白自己真正的职业还是在政治领域，他不甘心从此做个被人遗忘的民主党实干家。他的目光从未离开过全国性的政治舞台，他敏感地判断和捕捉着每一个可以开拓自己政治前程的机会。

入主白宫
——勇敢搏击者的人格魅力

罗斯福与脊髓灰质炎进行的战斗具备了现代英雄传奇的一切戏剧性情节。有人冷静而准确地指出："他那残废的双腿实际上已成为他的一种政治财产了。它们为他赢得了同情，否则，他可能得不到这种同情。在以后的岁月里，千百万美国人为罗斯福在公众场合露面而深受感动——为他那紧张、痛苦而笨拙地移向舞台中心的样子，为他周围的助手和政客们的忙乱，尤其为他容光焕发的微笑和刚劲有力的手势所深深感动。"

1. 轮椅州长——并非小儿麻痹症造就了罗斯福的性格，而是他的性格使他从苦难中解脱出来

1921年8月初，纽约市热浪逼人，罗斯福全家乘罗斯福的豪华游艇去坎波贝洛度假。罗斯福在航程中驾驶着游艇，十分疲惫。次日，他又在捕鱼时掉进了冰冷的水中，冻得浑身发抖，好半天才恢复过来。8月10日晨，当罗斯福夫妇和孩子们乘着自己的单桅小帆船在芬迪湾一带游弋时，14岁的

大儿子詹姆斯发现附近小岛的树林起火了,于是他们就一起赶去扑火。两个小时后,站在灰烬中的他们个个汗流浃背、浑身烟灰且精疲力竭,于是罗斯福建议大家到附近的一个湖里去游泳,随即他先跳进了刺骨的湖水中。寒气逼得罗斯福赶紧上岸,尔后他穿着湿透的游泳衣同大家一起回家了。到家时刚好来了一批邮件,罗斯福也没换衣服,便看了半小时的信件。之后他感到很不舒服,就早早喝了点热汤上床了。

第二天罗斯福病情恶化,他的背部和双腿剧烈疼痛,整个人高烧不止。大夫诊断他是重感冒,并让他卧床休息。第三天,罗斯福的腿已不能动弹,手也拿不起笔。8月25日,世界一流的专家罗伯特·S·洛维特终于做出了正确的诊断:罗斯福患上了脊髓灰质炎。

脊髓灰质炎又叫小儿麻痹症,是一种多发生于夏秋季节由脊髓灰质炎病毒引起的急性肠道传染病。患者在多汗发热、周身疼痛数日后常常会因为病毒侵入了相应部位的神经组织而手足绵软无力、不能动弹,严重者病毒侵入其脑神经,出现面瘫、吞咽和呼吸困难,危及生命。该病患者绝大多数是7岁小儿,仅有极少数成年人因未获此病毒的免疫力而招致不幸,罗斯福即属于此类病患。他的两腿完全瘫痪,并伴有向上蔓延的症状,膀胱和直肠括约肌也一度瘫痪,必须插导管。有时剧痛会扩散到他全身,体温也变化不定。

罗斯福两腿的肌肉和神经已被破坏,且背部肌肉有可能萎缩。但,由于埃莉诺和医生们的精心照料以及罗斯福自身的巨大勇气和坚定的自信,在经历了最初的沮丧和失望之后,罗斯福开始变得愉快起来。

萨拉本能地要求儿子跟她回海德公园安度余生。对此,埃莉诺和路易斯·豪达成了共识,他们模糊地相信,工作和事业是医治罗斯福病痛的良方。

路易斯·豪的活动始终围绕着如何让罗斯福当上总统这一既定目标展开。作为对罗斯福政治活动能力暂时不能发挥的一种补偿,他竭力鼓励埃莉诺走上前台,以使罗斯福的名字不会从此在政治舞台上消失。埃莉诺克服了羞怯,走出了家庭,学会了速记、打字、开车和演说。她加入了纽约

州民主党委员会的妇女工作部,在那里结识了许多重要人物和新朋友,并当上了财务委员会主席。她还参加了妇女工会联盟,并赢得了支持民主党的妇女选民的好感。她忠实地向罗斯福反映民情,几乎成了罗斯福的助手、耳目。后来埃莉诺成为美国历史上第一个在实质问题上具有影响力的"第一夫人"。

罗斯福没有顾影自怜,他不甘于隐退到海德公园舒适的住宅里过幽静的绅士生活,隐忍着肉体和精神上的极大痛苦,几乎每天都在接受治疗。他学会了操纵轮椅,掌握了一些移动身子的新方法,经常连续几小时锻炼身体。几个月后,罗斯福的腰部以上的部分锻炼得看起来肌肉发达。

1922年春,德雷珀大夫为罗斯福的双腿配了支架,每副支架用钢管和橡胶制成,绑在罗斯福的大腿和小腿上。支架在膝盖处放有一个特殊设置,可以在他坐下时弯曲起来。当他被搀扶起来时得有人插上销子,使支架保持固定和笔直。这样,罗斯福就能撑着丁字形拐杖,移动双腿,一步一步地走动。如果扭转身子,他还可以走上小小的斜坡,但因双腿被固定得像制图员的圆规脚一样,所以他一个人无法登上超过3英寸高的台阶。

当罗斯福能够使用丁字形拐杖并研究了这种走动方式的利弊之后,他断定自己可以出去公开露面了。他情绪乐观、精神饱满、思维敏捷,朋友们都不把他当成病人。

路易斯·豪这时告诫他:"在公开场合千万别让别人抬着你走,需要上台阶的地方干脆别去。"

罗斯福当时就领悟到了这条金玉良言的高明之处。从此之后,就像魔鬼不能越过圣水一样,他从不去踏上台阶。

路易斯·豪还认为在公共场合罗斯福最好坐轮椅,而尽量不让人去搀扶他,罗斯福的侍从很快就在应对这种场面时变得十分内行了。罗斯福在多年之后才明白自己再也不能像健康人那样走路了,但在以前的岁月里,他一直充满着希望,他多次写信告诉朋友们,他将很快就可以撑着支架独立行走,最后将单靠手杖就可以走路。

在1920年竞选运动中给罗斯福担任过助手的玛格丽特·利汉德小姐这

时成了罗斯福的私人秘书,她在很多方面给罗斯福以无微不至的帮助和体贴。罗斯福辞去了一部分职务,保留了大纽约童子军俱乐部主席和哈佛大学校务监委会委员等职。他向马里兰信托储蓄公司提出辞呈,被好友布莱克拒绝了。于是他动用自己的社会关系,为公司拉了很多大客户。

1924年秋,乔治·F·皮博迪写信告诉罗斯福,自己在佐治亚州有个荒废的温泉疗养所,在那靠近长满松树的山坡边有一个游泳池,温泉的水富含矿物盐,能轻易地让人浮起来。之后罗斯福来到了这个荒凉的地方。这里只有一家破旧的旅馆、几间小屋,周围连医院都没有。罗斯福按自己选定的方法每天在这里进行游泳和日光浴。一个多月里,他双腿获得的力气竟比此前三年所获得的还要多,他的足趾从患病以来第一次有了感觉,这使他对恢复健康的信心陡增。

有两名记者在访问温泉后以《游泳恢复健康》为题报道了这个消息。于是,在1925年的暖春,成群结队的小儿麻痹症患者怀着希望来到温泉。罗斯福积极地帮助他们安排生活和治疗工作,热心地把自己编的游泳动作教给他们。到了晚上,病友们围在篝火前联欢,寂静的温泉生机盎然。

当一个医学专家小组应罗斯福之邀,对能否把温泉作为脊髓灰质炎疗养所的问题作了详细研究并给予了肯定结论之后,一场改造温泉的紧张工作展开了。罗斯福花费近20万美元买下了包括破旧旅馆和其他设施在内的大块土地,为此他几乎耗尽了个人财产。1927年初,"佐治亚温泉基金会"正式成立。罗斯福要迅速使这个地方改观,他在改建房屋、修筑道路、植树造林和旅馆现代化等方面向设计师和建筑师们提供建议,还亲自参与研制新的供水系统、捕鱼场地设施,计划筹建一个设有舞厅、茶室、野餐和高尔夫球场的俱乐部。他遴选了疗养所医务人员,到年底疗养所已经对150名患者进行了治疗。

罗斯福此举意义重大,不仅树立了一个与疾病作斗争的榜样,还使温泉疗养所"成为一切需要与疾病作斗争的人的希望之象征"。

任何事罗斯福只要觉得有奔头,就勇往直前,用他的自信、智谋和运营使之变为现实。事实上,改造温泉的费用很大,而其中绝大部分的资金

来自捐助。罗斯福当选为总统后，每逢他的生辰，就会有无数的小额捐款单雪花似的飞到温泉，温泉成了罗斯福的第二个家。

随着佐治亚温泉全国知名度的日益提高，罗斯福的名声又一次打响了，人们感觉到了温泉与罗斯福的精神追求和人格特征的一致性。

正如发达结实的双臂在某种程度上补偿了两腿的残废一样，身体不便给罗斯福带来了有利之处。过去他难得安安静静地工作——他坐不住，耐心不够，总是东奔西走，因为他精力过剩……如今他只能把全部精力都集中到他所从事的工作上，他摆脱了一部分无谓的应酬和奔忙，完全避免了城市生活中最折磨人的神经紧张和许多微不足道的刺激因素。他有充分的借口不去做他不想做的事，同时能采取普通人常常采取的办法逃避难题。

罗斯福大部分时间待在室内，这在相当程度上弥补了他从前很少读书造成的某些空白或缺陷。埃莉诺负起了选书的重任，并设法请作者到家中来同罗斯福交流思想。罗斯福从谈话中受益匪浅，但是他终究未能沉溺于纯理性的政治哲学中，也没有能因长期严谨认真地研究社会科学而成为第二个威尔逊。他读了一些传记和历史学，但读得更多的是游记和探险故事。

此外，生理疾病使罗斯福的性格发生了一些变化，譬如他在待人接物方面的傲慢和居高临下已得到明显克服，显得具有人情味；对事物的专注程度提高了，做事不再像以前那样漫无边际没有着重点。

这种历经巨大创痛和打击而依然故我的表现已经反映了罗斯福的本质：具有一般人所不具备的禀赋和意志。

罗斯福的大儿子詹姆斯在20世纪60年代出版的著述中也曾提及，并非小儿麻痹症造就了罗斯福的性格，而是他的性格使他从苦难中解脱出来。

2. 战胜恐惧——身负重任而无所畏惧,面对危难而沉着冷静

3月的华盛顿虽已是早春,但霜风犹厉。1933年3月4日早上,罗斯福一家驱车前往圣约翰圣公会教堂参加一次特别的礼拜。从格罗顿公学专程赶来的皮博迪博士主持礼拜仪式。走过了这么长的路,历经了这么多磨砺和苦难之后,罗斯福凝望着鬓发花白的老校长,心潮难平,他的耳际蓦然响起格罗顿公学的校训:"为彻底的自由服务。"

这天是星期六。华盛顿乌云低垂,冷雨潇潇。做完礼拜后,罗斯福和胡佛总统一同驱车前往国会大厦。中午,新总统就职典礼开始。国会大厦东门外的广场上聚集着黑压压的人群,约有10万人静静地伫立着。国会山上的大钟敲响了正午12点的钟声, 富兰克林·德拉诺·罗斯福正式成为美国第三十二届总统。

罗斯福倚着吉米的臂膀缓缓地出现在国会大厦的东门廊,从铺着红地毯的斜坡走向高高的白色讲坛。他不戴帽子,不穿大衣,黑色长礼服衬得他脸色愈加苍白。庄严的宣誓仪式由黑袍白须的最高法院首席大法官休斯主持。

罗斯福微仰下巴,神情肃穆,把手放在家传300多年的荷兰版《圣经》上,之后翻到《新约·保罗达哥林多人前书》第十三章,用洪亮的音调一字一句地随着休斯大法官宣读誓词:

即使我能说万人的方言和天使的话语,而没有爱,那也犹如钟鸣铙响,徒有其声。

即使我有先知讲道之能,深通万物奥秘,并使我具有全部的信念,力能移山,而没有爱,那我又算得了什么?

即使我倾囊周济所有穷人,并舍己焚身,而没有爱,那么于事于我仍将徒劳无补。

宣誓完毕，罗斯福转身走向空旷的讲台。冷风掀动了他那手抄的就职演说纸。霎时，平静而坚定的声音清晰地传遍整个广场：

这是一个为民族献身的日子。时值我就职之际，我确信同胞们期待着我能以我国当前情势所迫切要求的坦率和果决来发表演说。现在我尤其有必要坦白而果敢地讲真话，说明全部的真实情况。我们不必畏缩，不必躲闪而不敢正视今天的现实。这个伟大的国家将会像从前那样经受住考验，它将复兴起来，繁荣下去。因此，首先让我表明我的坚定信念：我们唯一值得恐惧的就是恐惧本身——会把使我们变退却为前进的努力陷于瘫痪的那种无可名状的、缺乏理性的、毫无根据的恐惧。

罗斯福充满自信和激情的声音通过无线电广播网传到了全国千百万守坐在收者机旁的人民耳中。新总统以简洁缜密的语言向人民剖析了大萧条中一切苦难的根源：

我们的困难都只是物质方面的。价值萎缩到难以想象的程度；赋税增加了；我们纳税的能力已降低，各级政府的财政收入锐减；交换手段难逃贸易的长河冰封，工业企业尽成枯枝败叶，农产品找不到市场；千万个家庭的多年积蓄毁于一旦。更重要的是，大批失业公民面临严峻的生存问题……而我们并没有遭到什么蝗虫之灾。大自然的施惠依然未减，人的努力更是使其倍增。我们手头并不匮乏，然而丰足却激发不起慷慨的用度。这首先是因为掌握人类物品交易的统治者们的顽固和无能。他们被迫承认失败后溜之大吉，而贪得无厌的钱商在舆论的法庭上被宣告有罪。

货币兑换商们从我们文化庙堂的高位逃走了。现在我们可以让这庙堂回归古老的真理……必须中止金融业和商业中使得神圣的委托浑似无情和自私的恶行。然而复兴并不仅仅要求改变道德观念。这个国家要求的是行动，而且是立即行动。

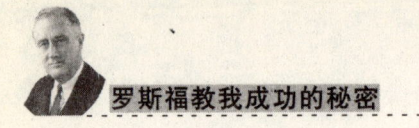

　　黑压压的人群一片寂静,人们在经历了一个漫长的等待后,终于真切地倾听到了新总统所承诺的行动纲领:

　　(1)首要任务是给人民工作,其中一部分可以由政府直接招雇,像战时紧急状态那样。

　　(2)其次要更好地利用资源,提高农产品价格和购买力;由联邦和各级地方政府采取行动统一管理救济工作,力避目前分散、浪费和不均的现象;要把一切形式的交通运输和其他明确属于公用事业的设施置于国家计划和监督之下;必须严格监督一切银行储蓄、信贷和投资,制止利用他人存款的投机活动,必须提供充足而有偿付能力的健全货币。

　　(3)在对外政策方面,新总统要求美国奉行睦邻政策——尊重自己,也尊重邻国权利,珍视自己的义务,也珍视与世界各国所签协议中规定的各项神圣义务。政府要根据情况的轻重缓急,有重点和顺序地处理事务。正常的行政和立法分权制衡体制足以应付美国当前面对的重任,然而,史无前例的要求和迅即行动的需要可能使国家暂时背离正常的程序和轨道。罗斯福承诺自己将提出一些应付深重灾难的措施,或采纳由国会提出的类似的明智措施。

　　新总统的就职仪式十分简单,但就职演说取得了巨大的成功,正如就职演说中所承诺的那样,罗斯福新政府打破了传统,立即采取了行动。

　　首先新政府针对金融休克症下了几剂猛药。罗斯福早在就职前夜就指示财政部长威廉·伍丁起草紧急银行法案,并限定他在5天内完成任务。为了稳定民心和保护因挤兑风潮而日益减少的黄金储备,罗斯福于3月5日下午发布了两条总统通令——要求国会于3月9日举行特别会议,宣布全国银行休假4天。

　　全国银行休假,是胡佛不愿也不敢采取的行动。此举虽属不得已而为之的防御性措施,但有助于打破整个冬季全国所处的恐慌和紧张状态。该行动是一种使人振奋起来并看见希望的动力,是政府重整财经结

构的第一步。

3月9日,国会特别会议在充满危机的气氛中召开,并在几个小时内通过了刚刚赶拟出来的紧急银行法。晚上8时30分,法案经总统签署生效。该法案授予总统管制信贷、通货、黄金、白银和外汇交易的紧急权力;为了解决银行货币的欠缺,此法案委托各联邦储备银行根据各银行资产发行货币,授权复兴金融公司用购买银行优先股票的办法给各银行提供流动资金;为了恢复国民对银行的信任,该法案规定财政部对全国银行采取逐个审查并颁布许可证的制度,审查合格者方能获得重新开业的执照;为保护银行储备、阻止黄金外流,法案授予政府以完全控制黄金动向的权力,其中包括对囤积和输出黄金的行为实施严厉惩罚的权力。

为了争取全国人民对这关键两步棋的理解和支持,罗斯福在白宫举行了第一次记者招待会。在轻松和谐的气氛中,罗斯福回答了金融情势、紧急立法计划、金本位、健全的货币和银行担保等问题。此举及其鲜活的风格一改先例,既有助于在政府和新闻界间架构一条良性的沟通渠道,也达到了政府通过传媒以稳定民心的功效。

白宫记者招待会自此成为惯例,每周召开两次,每次约请记者约120人。在罗斯福当政的12年中,共举行过998次记者招待会。著名新闻记者约翰·根室回忆说,罗斯福在20分钟里,脸上"表示了惊讶、好奇、仿佛受惊、真感兴趣、担心、说话故弄玄虚、半吞半吐、同情、决心、开玩笑、尊严以及无与伦比的魅力"。

罗斯福的直率和随和让记者们开心甚至陶醉,而他自己则借此发表新的见解和重大决策,了解和影响全国的舆论动向,使其朝着有利于政府的方向发展。

随即,财政部依据紧急银行法迅速而紧张地采取行动,对全国的银行展开检查和整顿,那些经审核并被鉴定为健全的银行才有资格重新开业,其余的财政部将依据健全程度对其进行清理、整顿、扶持、关闭或淘汰。与此同时,国家印钞局昼夜加班加点,印制新钞票,尔后由飞机分运至各州银行。

银行即将重新开业的前夜,白宫一楼外宾接待室的壁炉前,装上了美国三大广播公司的广播,约有6000万人守在收音机旁收听罗斯福的节目。罗斯福以诚挚亲切的声调、质朴实用的语句对全国人民进行了耐心的解释、劝告和教育。他解释了政府为挽救银行危机而实施的紧急步骤,劝告国民把积蓄送回重新开业的银行,并保证这将比放在自家床褥底下更安全。在谈话的最后,他热切而坚定地说:"归根结底,在我们调整金融体制时,有一个因素要比货币更为重要,比黄金更宝贵,这就是人民的信心。我们计划的成功要素就是信心和勇气。大家一定要有信念,一定不要因为听信谣言和妄加猜测而惊慌失措,我们要团结起来战胜恐惧。"

寂静的寒夜里,新总统这平易浅近的贴切话传到了辽阔国土上的千家万户,冰释了长期郁结在人民心中的疑团以及对现存体制的不信任。次日在12个设有联邦储备银行的城市里,银行开业了。人们携带着装有黄金和货币的大包小袋排起了长龙,此情此景与不久前发生的一幕幕有着惊人的相似,但那时是基于对银行深深失望的挤兑和提取,现在则是对其恢复信心的储存。

不久,银行存款额超过了提取额,金融恐慌过去了。

罗斯福就任总统后的两周,这个国家就像变了样,一度冷漠和沮丧的美国,开始具有一种巨大的活力。人民的精神面貌和对政府的信心发生了实质性的转变。

罗斯福一家给庄严肃穆的白宫带来了活力和生机。第一夫人埃莉诺让人把它修饰一新。罗斯福夫妇随和、亲切,不摆架子,能与大家和睦相处,其乐融融。罗斯福还通过举办白宫记者招待会、炉边谈话、联欢招待会以及接待上访群众等形式,让全国人民感觉或意会到一种同舟共济感。埃莉诺频繁地参与社会福利工作、走访贫民窟、慰问退伍军人,更是让人们的这种感觉得到进一步印证的同时,平添了一种人情味。

曾经逼真地刻画出胡佛任内金融崩溃惨状的艾格尼丝·迈耶说:"人民相信这个政府,恰如他们过去不相信那一个——这就是整个形势的奥妙之处。"

曾经坚决反对罗斯福当总统的沃尔特·李普曼这时也改变了原有立场,他称赞罗斯福仅用了两周就使民气重振的成就,比得上第二次马纳河战役。有个金融寡头甚至请求上帝的宽恕,因为他深悔当初投了胡佛一票。莫利在几年后仍坚持认为"资本主义在8天内得到了拯救"。全国上下掀起了讴歌罗斯福的热潮,《纽约时报》宣称:"从来没有哪一个总统能在如此短的时间里叫人这样满怀希望。"纽约市小学生的一次民意测验显示,罗斯福总统最受欢迎,其次是得票远远低于他的上帝。

英国《观察家》报的评论文章认为:"在日后的发展中,世界必将得一领袖。身负艰巨大任而无所畏惧,面对紧急危难而沉着冷静,罗斯福先生业已作出光辉的开端。"

延伸阅读:罗斯福新政

1929年至1933年,美国发生了历史上影响最为深刻的经济危机。危机期间,工业生产退回到20世纪初的水平,全国倒闭的企业在13万家以上,失业人数超过1200万;慢性农业危机进一步深化,农产品价格下降2/3,大量农产品积压,农业货币收入减少3/5;进出口贸易量减少2/5,因价格剧跌,进出口总值下降70%;货币信用危机迅速发展,破产银行累计超过1万家,占全国银行总数的一半。

罗斯福就任总统时,经济危机和阶级矛盾极为尖锐,银行信贷体系陷于瘫痪。之后罗斯福政府大力推行新政,企图缓和经济危机及其严重后果。

新政的主要内容可以用"3R"来概括,即复兴(Recovery)、救济(Relief)、改革(Reform)。

新政的主要措施实施结果是:"罗斯福新政措施是总统权力的全面扩张,这让美国逐步建立了以总统为中心的三权分立的新格局。他是总统职权体制化的开拓者。"

罗斯福新政的"新"

(1)新的理论和政策:资本主义经济思想由自由资本主义转变为凯恩斯主义,新政是对凯恩斯主义的最大规模的实践;

(2)新的特点:即尽量避免采用国有化形式而力图保持资本主义的自由企业制度,政府对经济全面干预,同时采取有利于工人和小生产者的措施,以缓和国内阶级矛盾;

(3)新的起点:新政实际上是对生产关系进行局部调整,迅速把美国的私人垄断资本主义推向美国式的、非法西斯式的国家垄断资本主义。这是历史唯物主义理论中上层建筑对经济基础反作用的具体体现;

(4)新的模式:开创了国家干预经济发展的新模式,促使二战后资本主义发展出现新变化,美国进入资本主义发展的"黄金时期"。

主要措施

(1)整顿银行与金融体系,下令银行休业整顿,逐步恢复银行的信用,并放弃金本位制,使美元贬值以刺激出口;

(2)复兴工业:通过《国家工业复兴法》与"蓝鹰行动"来防止盲目竞争引起的生产过剩;

(3)调整农业政策:给减耕减产的农户发放经济补贴,提高并稳定农产品价格;

(4)推行"以工代赈"(最重要的一条措施);

(5)大力兴建公共工程,缓和社会危机和阶级矛盾,增加就业,刺激消费和生产;

(6)政府建立社会保障体系,使退休工人可以得到养老金和保险,失业者可以得到保险金,子女年幼的母亲、残疾人可以得到补助;

(7)建立急救救济署,为人民发放救济金。

效果和影响

美国经济回升,失业人数大幅度下降。

资本主义国家对经济的宏观控制和管理得到加强。

美国联邦政府的权力明显增强。

资本主义制度得到调整、巩固与发展。

大胆借鉴社会主义的长处,用改革的方法挽救了资本主义危机,避免了法西斯上台。

开创了国家干预经济新模式,美国进入国家垄断资本主义时期。

新政在美国和世界资本主义发展史上具有重要意义。

第二章

他的信念

── "我们唯一值得恐惧的就是恐惧本身"

1933年3月12日，罗斯福发表了第一次"炉边谈话"。他说："我们唯一值得恐惧的就是恐惧本身。"这句话抓住了经济危机的信心根源。

罗斯福热情、自信的声音引起了中西部、南部等地广大选民的共鸣。"恐惧敲响了你的门，信念让你打开了门，你发现根本没有人。你害怕的东西并不存在。你只是不断地自己制造恐惧。"

在成功者的眼中，最重要的是，不管遭受怎样的困难，都不要害怕或担心。因为这种害怕或担心，会使困难更加困难，会让你因自我设限而变得不可能突破。

在他看来:"实现明天理想的
唯一障碍是今天的疑虑"

　　罗斯福说:"人类的精神开始觉醒,人类的灵魂已经升华,请赋予我们解读人类伟大精神的智慧和远见,这伟大的精神就是:在短暂的生命里能顶住巨大压力的忍耐力。我们所有人都是地球的子孙,有些道理不言而喻,如果我们的兄弟在遭受压迫,我们也将遭受压迫;如果他们在忍饥挨饿,我们也将忍饥挨饿;如果他们的自由权利被剥夺,我们的自由也将不复存在。请赋予我们一个共同的信念——人类应该安享富足与和平,应该沐浴公平和正义、自由与安全,拥有平等的机会来实现自我。不仅要在我们的土地上实现,更要在全世界实现。让我们带着这个信念去远征,踏上通往用双手去创造的洁净世界之路,阿门。"

　　实力意味着责任和危险。在责任和危险面前,我们一定要坚持一个坚定的信念,有了信念,所有的疑虑将烟消云散。

1. 信念,罗斯福的秘密武器

　　1932年7月1日,罗斯福终以945票当选为民主党总统候选人。他说道:"人类从每一次危机、每一次劫难、每一次灾祸中获得新生时,会变得知识更加广泛,道德更加高尚,目标更加纯洁。而如今是一个思想涣散、道德堕落的时代,一个自私自利的时代……我们不要只是责备政府,也要责备自己。近年来在政府的政治哲学中被遗忘的全国的男人和女人们,期待着有领导能更加合理地分配国家财富。在乡村和城市,我们的千百万同胞从心底希望他们往昔的生活方式和思想准则不要从此一去不复返,他们的这一希望不会也不应该落空。

"我向你们保证,我誓为美国人民实行新政。让在此聚会的人都成为未来那富有成效和勇气的新秩序的倡导者。这不仅是一次政治竞选活动,也是一次战斗的号召。请大家帮助我,不仅是赢得选票,还要帮助我在把美国交还给他自己的人民的十字军远征中获胜。"

那时候,在数百万流浪大军中,瘟疫、性病、犯罪现象十分盛行。有的女孩子为了糊口冒着怀孕危险,10美分卖淫1次。失业与失去收入让一些家庭成员精神颓丧,失去自尊心,摧毁了他们的工作效率和可雇佣性,并最终使夫妻、父母子女暂时或永远地离散。

许多家庭勉强维持着外表形式,但往日的平静与和谐伴随着道德的崩溃而一起消失了,种种看不见的创伤在每个家庭成员的心灵上留下了多年难愈的印迹。

人们对时局、政府政策的怨恨之情已达到饱和的临界点,"有一种强烈的悬空之感,一种忧郁的烦躁,什么事都可能发生"。当某个城镇的银行破产时,广大存户表现出的不是愤怒,而是觉得自己的社区已成为类似某种可怕疾病一样蔓延的"形势"的牺牲品。许多美国人对现行两党制度心灰意冷,民间对当局的不满以种种无情、冷酷、尖刻、辛辣的自发方式倾泄而出。

对此,罗斯福用他洪亮的就职演讲给予抚慰。

信念可以带来改变处境的机遇。关于信念的威力,并没有什么神奇或神秘可言。信念起作用的过程其实很简单,就是相信"我确实能做到",从而产生能力、技巧等必备条件,每当你相信"我能做到"时,自然就会提出"如何去做"的方法。

蜚声世界的意大利著名电影明星索菲亚·罗兰能获得如此成就,和她的坚定的信念分不开。

小时候的索菲亚·罗兰发育很晚，长得干巴巴的。看着周围的女孩子们为自己的身材而得意的神态，她自卑极了。可是又有什么办法呢？罗兰是个私生女，母亲带着她艰难地度日，再加上当时正值第二次世界大战，能吃饱就不错了，哪里还顾得上营养？

带着自卑的情绪，罗兰长到了15岁。这时候，她已经用不着再为自己的干瘪而忧心忡忡了，因为她已经长成大姑娘了，而且胸部和臀部都很丰满。

为了生存，加之对电影的热爱，罗兰到了罗马，她想在这里涉足影视界。但对未来满怀着希望和憧憬的她，却连连碰壁。

第一次试镜，罗兰失败了，所有的摄影师都说她够不上美人的标准，抱怨她的鼻子和臀部。没办法，导演卡洛·庞蒂只好把她叫到办公室，建议她把臀部做小一点儿，把鼻子缩短一点儿。一般情况下，演员们都对导演言听计从，因为导演有权让他们走上银幕，也有权让他们离开影视圈。可是，索菲亚·罗兰并没有采纳导演的建议。她知道自己的外形与那些相貌出众、五官端正的女明星相比，有许多缺陷，但她相信自己，对自己有信心，她认为这就是自己的特色："鼻子是脸的主要部分，它使我的脸具有特点，我喜欢我的鼻子和脸的本来的样子。臀部是我的一部分，是我所以成为我的一部分，那是我的特色。我要保持我的本色，我什么也不愿改变。"

索菲亚·罗兰坚定不移的信念和执著感动了导演卡洛·庞蒂，让他真正地认识、了解并且欣赏罗兰。后来，卡洛·庞蒂成了罗兰的丈夫。罗兰没有被摄影师们的话影响，没有对自己失去信心，所以才得以在电影中充分展示她的与众不同的美。之后，她独特的外貌和热情、开朗、奔放的性格开始得到人们的认可。自1950年至1979年，她先后在75部影片中扮演角色，被人们称为"从贫民窟飞出来的天鹅"。1961年，罗兰主演的《两个女人》获得巨大成功，让她荣获奥斯卡最佳女演员奖。

成功意味着许多美好、积极的事物。人人都希望成功，而最实用的成功经验，就是"坚定不移的信念"。

可能大部分人都认为自己不是个成功的人，认为成功对自己来说是遥不可及的。但任何人都有成功的机会，就看你想不想去获得它。如果你早已放弃成功的想法，机会就弃你而去。

没有信念，就如同没有舵的船，会随意漂流不知所往。信念如不存在，事业与成功都将成为泡影。信念，必须明确，必须专一。信念太多，形成信念多元化，就等于没有信念。一个有坚定信念的人，才会所向无敌。因为一个真正有信念的人，为了信念，可以牺牲一切，不会错过人生中的每一次机遇。

2. 罗斯福的成功信念——有怎样的信念就有怎样的生活

也许个性中，没有比坚定的决心更重要的成分。

罗斯福出生在一个名门旺族，当时的总统西奥多·罗斯福是他的本家，给他树立了如何当上总统和如何当好总统的榜样。这使他很年轻时就把当选总统作为自己唯一的人生目标。可以说，完全向前的欲望，是罗斯福的成功信念。

(1)全心全意地去做自己最想做的事

成功的人都懂得：要全心全意地去做自己最想做的事，成功需要全心全意的努力和奋斗。

美国帕金森管理研究基金组织曾就成功者应具备的条件这一问题进行了大规模的调查。商业界、政府、科学家和宗教界领导人接受了采访。调查结果显示，成为成功者的最重要条件是："完全向前的欲望。"

我们都有愿望。我们都想有朝一日成为一个大人物。但事实上，我们大多数人都没有顺从它，而是扼杀了它。我们常常会听到这些话：

"我真想做名经理，自己创办企业，但我做不到。"

"我缺乏头脑。"

"如果我试的话,肯定会失败。"

"我缺乏教育和经验。"

许多人用这种消极的自我贬低的方法去违背自己的愿望。

还有的说:"我真想做另外一份工作,但我父母要我做这个,我不得不做。"以此来解释他们选择的工作。其实,大多数父母绝不会有意强迫他们的孩子去做什么。

所有聪明的父母都希望他们的孩子能取得成就。如果年轻人耐心向自己的父母解释自己为什么更喜欢另一份工作,父母是不会反对的,因为父母和孩子的人生目标是一致的,那就是成功。

一个人如果不能扔掉这些扼杀愿望的想法是不可能取得成功的。要想最大限度地发挥一个人的力量,就必须让他去做他想做的事情。

鲍尔小时候是个电脑迷,常需要新的配件,可是他的零用钱不够他买这些配件的。他的父母不太喜欢电脑,不怎么愿意花钱去满足儿子的业余爱好,所以鲍尔必须想办法赚钱。因为他有这种强烈的欲望,所以他很小便开始赚钱了。

他先是为一些小企业设计印刷品和信封,然后自己去推销。尝到甜头后,1989年,鲍尔经监护法院特许获得了营业执照,在15岁时建立了自己的第一家公司。他专门经营数据和电信产品。他自己介绍说,他从大企业进货,通过做广告卖给个人用户。父母闲置不用的游泳池变成了他的仓库,住宅里的附加小住宅成了他的办公室。

愿望的满足会带给一个人热情、活力甚至是健康。那些成为千万富翁的人们每星期的工作时间超过40小时,但从未有过怨言。这往往是因为他们有一个目标,目标带给他们精力。只有当你树立了一个理想的目标,并决心朝这一方向努力的时候,你的精力才会倍增。

(2)要懂得树立成功的信念,也要选择自己所能接受的限制

回顾罗斯福，他的打击和挫折多半是身体上的缺陷导致的，与智力无关。在这个时候，罗斯福选择了迂回到其他方面去战斗。就像希伯来人有一句古老的祷告："给我坚韧，去接受我不能改变的事；给我勇气，去改变我能改变的事，并给我智慧去区分它们的不同。"罗斯福的成功告诉我们，成功人士，往往会分辨出自己该在何处使力，该在何处适可而止。

也就是说，在树立成功信念的同时，必须要选择自己所能接受的限制。

那些跟天生限制过不去的人经常会变得尖酸刻薄、有挫折感。他们因为怀有不真实的理想，而变成"方桌腿放在圆洞中"。他们把一生的时间都花在无力改善或只能有限改善的事上。经常性的失败会把他们打垮，使他们失去自信。这种人把所有的精力都投注在"不可能的梦想"上。

当然，"不可能的梦想"是伟大的和令人振奋的，但如果穷一生之岁月来追求一个不可能的梦想是下下策。我们要以"实际的梦想"来代替"不可能的梦想"。

与这相反的另一种错误是划地自限。历史上最伟大的成就在开始时都是这种情形："这是绝对做不成的。"

"我对我真正想做的事，实在是没有什么信心……"这种话听起来难道不耳熟吗？

是的，这是现实生活中最常听见的一种抱怨。有那么多人在为这种想法感到困惑，他们从来没有坐下来，好好地问问自己一些最简单的问题。这些问题的答案，会立即解决他们的困惑。当人们抱怨不知道什么才是他们一生中最想做的事的时候，很明显，他们已经耗费了许多年月，来压制自己的欲望，来忽视自己心里面的那一个自我。为了顺从别人的期望，为了和别人喜欢的生活方式取得一致，他们忘记自己究竟是谁。

他人的意见或自疑经常会削减一个人的信心。自信有时不过是一种感觉，但如果以肯定的态度去面对这种感觉，久而久之它便会变成一种实在的行动。

选择也许并不容易，人们往往会弄不清该选什么。成功者懂得自己最

好先去尝试，纵使失败，也比什么都不做要好。而且尝试得愈多，他们愈会了解到自己的限制在什么地方，然后，他们的选择会越来越容易，越来越自然。

　　你的限制在什么地方？让我们一起来看看！以下是不成功人士的30个条件。找出阻碍你的条件，改善它。当然，世界上不可能存在"满足"这30个条件的人，所以，你的成功绝对不是奢侈品。

阻碍成功的30个条件

　　1.不利的遗传背景。天生智力不足的人，是很难成功的。这是没有办法改变的，唯一的补救方法是：以勤补拙。

　　2.缺乏明确的人生目标。凡是没有明确人生目标的人，便没有成功的希望。

　　3.缺乏志向与抱负，对什么都无所谓。不愿上进和不愿付出代价的人，绝对没有成功的希望。

　　4.缺乏足够的教育。这个缺点克服起来是很容易的。无数成功案例证明，自学的人往往是学习得最好的人，光有一张大学文凭是不够的，光知道知识是不行的。知识的运用才是最重要的。人之所以能得到报酬，不是因为他们拥有知识，而是因为他们能将知识运用在工作上。

　　5.缺乏自律。纪律来自于自我控制，一个人必须能控制自己所有的情绪化行为。在你要控制别人之前，一定要先控制住自己。你会发现自我控制是最难的。你如果不能征服自己，就会被自己所征服。当你在镜子里看到自己时，他既是你最好的朋友，也是你最大的敌人。

　　6.健康不佳。

　　7.童年时代不良环境的影响。小树苗是弯的，长成大树后依然是弯的。多数犯罪倾向，都是由于童年时代不良环境和不正当朋友的影响。

　　8.拖沓。这是最常见的一种失败原因。挥之不去的拖沓习惯总是时刻跟随着每个人,等待着破坏人们的成功。为什么老是失败?是因为我们总是等待!你要知道时机永远不会刚刚好。在你站立的地方,用你手中现有的工具开始努力吧,别再无谓地等待!

9.缺乏百折不挠的精神。很多人做事都是虎头蛇尾,看到失败的迹象便立即退却。百折不挠的精神是没有任何东西可以取代的。

10.消极的个性。消极的人是不会获得同别人合作的机会的。

11.容易冲动。冷静的人成功的几率往往要大于冲动的人,因为冷静的人不会把事情做过火或偏离预定轨道。我们需要提高自己的情商,把冲动加以升华或导入到其他轨道。

12.不能控制不良欲望。赌博的欲望驱使着数以百万计的人走向失败。"业精于勤而荒于嬉"实在是圣训。

13.缺乏迅速的决断力。成功的人能迅速果断地下定决心,并根据情况的变化而改变自己的决定。失败的人往往优柔寡断,心志不坚,容易改变主意。

14.心灵脆弱。这种人往往会恐惧或不能正视生、老、病、死、爱别离、冤家聚、求不得这人生七苦中的一种或几种。这样如何能放开胆子去做事呢?

15.选错结婚的对象。这是最常见的失败原因。失败的婚姻是充满悲哀和不愉快的,这会毁掉一个人所有的抱负。

16.过分小心谨慎。你要明白利益永远与风险成正比。不愿冒险的人,通常只能选择别人剩下的东西。

17.选错了事业伙伴。商业的失败以此为多。一个商人寻找事业伙伴时,应极其小心,在志同道合的情况下,你的伙伴应该是智慧的和诚实的。

18.迷信和偏见。迷信是恐惧和无知的象征,成功的人应该是虚怀若谷、无所畏惧的。广开言路,博采众家之长更是不可或缺的;固执己见,偏信一家是消亡之道。

19.选错职业。你所选的如果不是你所爱的,那么你是不会成功的。不喜欢自然无兴趣可言,相信没有几个人会用心对待不喜欢的职业。

20.未能专心致志。大道以多歧亡羊,学者以多方丧身。什么都会一点的人其实什么都不会。如果你有两个或更多不同时间的闹钟,那么你就无法知晓准确的时间。目标有一个就够了。

21.花钱没有节制。不会理财是必败无疑的,挥金如土的人无法适应节俭的生活。我们必须把固定比例的收入作为储蓄,以养成有计划的储蓄习惯。

22.缺乏热情。缺乏热情的人往往不受欢迎,如此信任关系自然很薄弱。

23.偏执。不能容忍问题的人很少会成功,他们不能容忍不同的宗教、种族、思想观念,以至于极力地排除异己。

24.没有节制。最具有破坏性的放纵与饮食、性活动有关。过分沉溺在这些放纵里,会对你的事业造成致命伤。

25.没有与别人合作的能力。孤军奋战自然比不上团队协作,众人共同承担的责任岂是一个人的肩膀所能扛得住的?

26.拥有不是靠自己努力得到的权力。这类人往往无法承担这种权力所应付出的责任,所以用它来促使自己成功,危险很大。

27.蓄意欺骗。这个社会上傻子并不多,小心自食恶果,丧失信誉,甚至是自由。

28.以猜测代替思考。行成于思而毁于随,如果你不是未卜先知,那就是瞎蒙,这可能让你血本无归、倾家荡产。

29.缺乏资本。开创了事业,却没有足够的后续资本,等于前功尽弃。

30.能力欠缺。

(3)懂得将负面、消极的想法转变成积极、具有建设性的思想

罗斯福曾经说过这样的话:"你一生中最光辉的日子,并非是成功的那一天,而是能从悲叹和绝望中涌出对挑战人生的心情和干劲的日子。"

在那些成功的人看来,成功并不是最美的,最美的是在逆境中不懈奋斗努力的精神。成功只是那些努力的一个成果而已。人生如自然界一样,有昼夜明暗、阴晴圆缺，一个人不可能一生都走在明朗的阳光下。黑夜过去白天便会来临，暴风雨后终会艳阳高照。许多人不能将自然现象与人生相结合，他们认为自己不可能看到雨后的彩虹。

罗斯福说过："恐惧敲响了你的门，信念让你打开了门，你发现根本没有人。你害怕的东西并不存在。你只是不断地给自己制造恐惧。"

斯科特在大学毕业后5年内换了8份工作，月薪在4年内由1000美元升到1100美元。在那一连串的挫败后，"放弃"成为最容易的一条路，但他并没有因此认输。

他认为"精神上的投降，也是最糟的一种投降就是'自认最好也不过如此，我应该接受事实，这已是我最佳的表现'"。因此，不管上司怎么说他，也不管他工作的历程和薪水透露出怎样的信息，他从未停止思考更好的方法来完成工作，也从未停止梦想自己将来可能经营的事业。

斯科特把梦想转换为目标，目标转换为任务，任务转换为步骤。

在大学毕业后的头6年里，斯科特只能勉强维持生计，两次创业失败使他背负着沉重的债务。之后每份工作的报酬都仅够他眼前的开销，没有多余的金钱可供他还债或储蓄。他虽然没有乐观的理由，却也从未沮丧过。更重要的是，他从未自暴自弃，也不觉得自己失败，或自认平庸。

虽然朝九晚五的上班时间已经让他身心疲惫，但这未阻止他用业余时间来编织自己的梦想。

终于，在第九份工作，任职大使皮革公司时，老板给了斯科特发挥创意的机会。在3个月内，他与另外一个合作伙伴设计的营销方案，让公司年销售额倍增。在完成该方案后，他与这位合伙人一起开创了新的事业。

一个人的否定思维方式往往阻碍了他的发展。那些成为千万富翁的人懂得将负面、消极的想法转变成积极、具有建设性的思想。

排除黑暗的最好方法是和光明在一起；克服寒冷的途径，则是站在温暖的旁边。要克服否定、消极的思想，最好的办法是代之以好的思想。肯定

好的,不好的自会消失。

　　《生存》的制片人伯耐特就很善于把失败转变为成功的激励因素,他说:

　　我害怕失败以及它后面的所有含义,但我把这种恐惧旋转了180度,使它变成了一种积极的学习工具,从而使失败变成了成功的一种激励因素。当我失败的时候,我会反复思考这件最终以失败告终的事情。像一个足球教练研究一场输球的录像一样,我会审视哪些战略奏效了,哪些没有。我会质疑自己的态度、评价和承诺,找出这次失败的确切原因,并且发誓决不重蹈覆辙。等到第二次(或第三次、第四次)的时候,成功必然会来临。从一种极其不可思议的意义来说,失败是我的朋友——也应该是你的。

　　如果你怕事,你就会拘谨并且也不会取得好的成绩,任何时候,一连串事故都可能让你一无所有,但你不能那样想。你要做最坏的打算,但目标是做得更好。

　　(4)把批评当作一种激发成功的动力

　　罗斯福的智慧告诉我们,应当谨慎地对待他人的意见,并且从容地从所谓的劝告者那里获取动力。如果你有远大的志向,吃苦耐劳且事业正蒸蒸日上,那么,你会成为某些人眼中的威胁。可怕的是,这些人中有许多是不少年轻人所信赖并会听从其职业忠告的人。

　　这是一些著名的批评言论:

　　"你在衬衫上放一只鳄鱼而不放口袋? 我真不敢相信! 这些衬衫绝对卖不出去。"

　　"别担心,老板,没有人会买那些小日本的车子。"

　　"没有表带的手表? 你疯了!"

　　"算了! 别告诉我他们可以把音乐放在透明胶带上。"

　　那些持否定态度的人总会找到可以批评的事。然而,这些恶毒语言所攻击的,正是现在风靡世界的名牌产品,你一定猜得出它们是什么。

值得重视的不是批评，不是那些会指出别人是如何跌倒或怎样做才会更好的人，而是那些置身于竞技场中的人。他们奋斗不已，错误越来越少，因为没有一件事不是在错误和缺点中做成的。那些真正去尝试的人，知道什么叫热心和热衷，知道最高成就的胜利。他们即使失败了，至少也勇于尝试了。他们要比那些既无欢乐也无痛苦的人要伟大，后者生活在昏暗中，既不了解胜利，也不了解失败。

大多数人要么对批评者不予理会，要么把批评当作一种激发他们取得成功的动力。批评者不像良师益友那样会热情地帮助他人实现自我完善，而是热衷于改变他人的目标。他们总想看到别人的失败，总因看到自己的预言成为现实而洋洋得意。

一个人如果接受了这些负面的观点，就会早早地从战场上撤退下来，所以千万富翁不会把这些批评当一回事。许多千万富翁只把这样的批评看成是说教，而他们就是喜欢反驳说教。恶意的、负面的批评家有一个共同的特征——唯一的本事就是鼓吹负面的预言。他们常常妒忌真正有才能的人、有可能成功的人。

互联媒体公司的总裁德费恩说出了她自己的动力来源。她小镇上的左邻右舍认为，女人若成为创业者，只会降低自己的身份。而她要证明这样的人生价值观与职业价值观是错误的，这种强烈的愿望给了她动力。

请你记住这样一个事实：成功者，不论其智力如何，都会比不成功者受到更多的批评。我们要相信，批评对于磨练人的个性来说是有必要的。

(5)一个人的成就大小，往往不会超出他自信心的大小

有人说："假使我们自比为泥土，那我们将真的成为被人践踏的泥土。"

罗斯福和很多伟大的人物，觉悟到了"天生我材必有用"；觉悟到造物育人必有伟大的目的或意志，寄于个人的生命中；觉悟到了如果自己不能充分表现生命至高的程度，对于世界，将会是一个损失。

正是具有了这种意识，他们可以产生出伟大的力量和勇气——如果

一个人认为自己不可能成为总统,那么也许他真的不会成为总统。

你觉得自己比别人差吗?稍稍冒一些风险便会招来你心中的虚惊与恐惧吗?当今许多人对这两个问题的回答都是"是的"。恐惧和担心是因觉得自己处于劣势而产生的。

一些千万富翁发明了自己特有的自我鼓励、积极思考的方法,另一些则只是加以效仿。一个良师益友不会一直告诉你如何思考,如何行动——只要积极地思考,并促进自己积极地思考,你就能对他人产生深远的影响。

大多数敢于冒险的千万富翁都在积极地思考,千方百计地激发自己的乐观精神,因此他们能克服阻碍他们行动的恐惧与担忧去建立财富。

积极行动会展示积极思维,而积极思维会导致积极的人生态度。态度是紧跟行动的。一个人如果从一种消极的心境出发,等着感觉把自己带向行动,就永远成不了积极思维者。

几乎所有的励志书籍都提到了这一点:你能设想和相信什么,就能用积极的心态去完成什么。这样,你的工作就会变得有乐趣;你会因受到激励而愿付出代价;你能够预算好时间和金钱。你对目标思考得越多,就会越热情,达成愿望的欲望就越强烈。

1796年,拿破仑率领法国军队对几乎所有的邻国作战。他迫切地想把他的军队领入意大利,但是在法国和意大利之间,横亘着阿尔卑斯山,山顶上覆盖着积雪。

"能够越过阿尔卑斯山吗?"拿破仑说。

派去查看山上隘道的人都摇头。这时,其中的一个人说道:"也许能够,但是……"

"别让我再听这些,"拿破仑说,"向意大利前进!"

一支6万人的军队去翻越没有道路的阿尔卑斯山,人们觉得这种做法很可笑。但是拿破仑等一切就绪,就下令出发。

大队人马和大炮绵延数十里。当他们来到一处看起来无路可走的陡

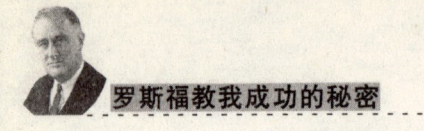

峭山地时，身边响起了冲锋号声。"冲呀！"这时，每一个人都尽了最大努力，整个军队继续顺利前进。

不久，他们就安然无恙地翻过了阿尔卑斯山。4天之后，拿破仑的军队出现在意大利的平原上。

"下定决心要取得胜利的人，"拿破仑说，"永远不会说'不可能'。"

据说拿破仑一上战场，士兵的力量就可以增加一倍。军队的战斗力，大半寓于士兵对于将帅的信仰之中。将帅显露出疑惧张皇，全军必然要陷入混乱、动摇；将帅的自信，则可以加强他部下的勇气。

人各部分的精神能力，像军队一样，也依赖于其主帅的意志。有坚强的意志、有坚强的自信，平庸的男女也能够成就伟大的事业，成就那些虽然天分高、能力强，但是疑虑与胆小的人所不敢染指尝试的事业。

一个人的成就大小，往往不会超出他自信心的大小。拿破仑的军队决不会爬过阿尔卑斯山，假使拿破仑自己以为此事太难的话。同样，在一个人的一生中，决不能成就伟大的事业，假使他对自己的能力存在着重大怀疑的话。

成功的先决条件，就是自信。

在这个世界上，有许多人以为别人所有的种种幸福，是不属于他们的，以为自己是不能与那些鸿运高照的人相提并论的。然而，他们不明白，这样缺乏自信，是会大大减弱自己的生命力的。

自信心是比金钱、势力、家世、亲友更有用的条件，它是可靠的人生资本，能使人努力克服困难，排除障碍，去争取胜利。对于事业的成功，自信心比什么东西都更有效。

假使我们去研究、分析那些有成就的名人的奋斗史，可以看到，他们在起步时，一定有充分信任自己能力的坚定的自信心。他们的心情、意志，坚定到任何困难险阻都不足以使他们怀疑、恐惧。

3. 必须立刻用信念驱赶恐惧——你最担忧的那些事其实从未发生

从罗斯福的成功中,我们发现信念的力量是无穷的。有了信念,你就可以战胜一切恐惧。

如果把一个人的双脚固定在铁轨上,而他自己也意识到火车正在呼啸而至,意识到自己难逃一死,那死亡的恐惧就会在他的血液中制造大量毒素,以至于这个人即使从铁轨上获救,也已经被吓得半死。

一个满怀畏惧之心的人不是一个真正的人,而只不过是一个傀儡,一具行尸走肉,这是人类的悲哀。

放弃那些不必要的恐惧吧,就像放弃那些让你遭罪的错误想法一样。如果用勇气、希望和信心去充实你的心灵,你就能更快地看到胜利的曙光,获得你想要的幸福。不要等到畏惧已经成了家常便饭,你才后悔莫及并采取行动!不用再犹豫了,你必须马上服用解药,敌人才会被吓得逃之夭夭!

任何畏惧之心,不管有多强烈,不管在你的心中扎根有多深,你都可以用勇气、希望和信心把它拔除。

当你预料到一些可怕的事情即将到来,从而产生最可怕的恐惧心理时,就是在做一件最可怕的事情。有些人总是饱受像这样的恐惧心理的煎熬,例如他们认为一些不幸的事情如果发生了,就会让他们失去现在的金钱和地位;他们担心发生车祸或者怀疑自己已经患上不治之症;如果孩子外出了,他们总会想到火车可能脱轨、汽车自燃或者轮船失事等等灾难——他们总是在心中编织着最可怕的情景,时刻处于高度恐惧之中。"你说不清会发生什么事,所以我们要做好最坏的准备。"他们总是这样说。

有一位女士,在连续几年的时间里,一直预感到会有一场令人绝望的大灾难降临在她身上,于是在这几年里她一直遭受着恐惧心理的折磨。但是,当这个令她长期担心的灾难真的降临时,她惊喜地发现,自己轻松地挺过来了!以前的那些恐惧和担心都是没有必要的!

由此可见,由于担心发生意外,我们遭受了多少痛苦的折磨啊!我们总是害怕在街上被汽车撞倒,总是害怕成为残疾人而丧失劳动能力,总是害怕碰上列车事故、船只失事、被雷电击中……我们无所不怕!然而直到现在,我们绝大多数人都还四肢健全。回想一下,自己当初的担心和恐惧是多么幼稚!我们是多么愚蠢,居然一生都和恐惧这个大魔头生活在一起。

一个天生胆小的男人,非常害怕生病,这种担心把自己折磨得死去活来。患上小感冒,他会非常沮丧地认为这个病会重创他的身体;如果嗓子痛,他会认为自己得了扁桃体炎,若不抓紧治疗就会导致自己不能进食而亡;如果由于吃饭过饱导致心悸,他会认为自己得了严重的心脏病,正在面临死亡的威胁。他这样过于担心自己的健康,以致家人和朋友都非常厌恶他。这个男人总是要求家人关紧窗户,以便更暖和些;他对自己的身体变化太过敏感,没有人知道他想要什么。这个男人的朋友们都不喜欢带他去参加聚会,因为他太在意为他准备的食物了;更让人难以理解的是,他总是担心聚会时会意外丢掉性命,例如被烧死在房间中。

这是一个比较极端的例子,但生活中确实有非常多的人一生都饱尝着相似的恐惧。

比如,那些到热带地区旅游的人们非常害怕那里的有毒昆虫和爬行动物,以至于整天都提心吊胆、惶恐不安。他们总是幻想这些恐怖的家伙在晚上可能会爬到自己身上。

还有一些人,除了在极少的瞬间,其他时间里从未感受到人生的快

乐。他们像奴隶一样辛苦工作,为的就是赚到足够多的钱然后存起来,可是他们享用这些钱的时候并不舒心。生活在他们眼中糟糕透了,他们整天担心会发生一些可怕的事情让自己失去已经拥有的财富。

实际上我们仔细想想就会发现,我们所畏惧的那些最糟糕的事情从未发生过或发生的概率极小,因为它们是我们虚构出来的。需要提醒的一点是,如果你确实染上了疾病并且万分恐惧,那么你的这种恐惧心理只会加重病痛,使之恶化。

有许多事情不是我们能主宰的。我们无法使已然发生的通货膨胀或经济萧条消失,但我们能决定自己对这些事情的态度,以及予以处理的方法。

那么,如何用信念驱赶恐惧呢?

下面10个方法,可以让你关上通往恐惧的门之后,很快地看到通往信念的大门。

(1)建立一个明确的目标,并且朝着目标前进,确定你要的是什么,并且努力去得到它。你应确定自己所希望的目标是值得你努力的而且是你可能达成的。别小看自己的能力,但也别定一个遥不可及的目标。

(2)祈祷你所定的目标能够实现,以坚定你对目标的信念。想想看你达到目标后的欢愉感觉,当你达到一个目标之后,再设定一个新目标,切勿因为达到目标就自满。

(3)尽可能地将基本行为动机和你的明确目标联系起来。请给你自己下一道强制性的命令,去做你想要做的事,并尽可能地每天在脑海里回想一次这道命令。

(4)写下你的明确目标会为你带来的种种好处,并时常在脑海中回想,这可使你借着自我启发的力量创造出成功意识。成功意识可在事情进行得不太顺利时,坚定你达到目标的决心。

(5)和那些支持你的人交往,并接受他们的鼓励,这些人可能是你的同事、朋友或家人。

(6)别在过完一天之后,才发现当天的所作所为,对明确的目标没有一点明显的贡献。

(7)选择一位富裕、自力更生、成功的人作为"楷模",并时时想:自己不但要迎头赶上,而且还要超越他。别告诉别人你所选择的楷模,因为选择楷模的目的不在于进行公开的竞争,而在于借着比自己强的人,来确立你要走的方向。罗斯福就一直将他的叔叔当做楷模,并非常乐意和自己的叔叔相比。

(8)在你的四周放置书籍、图片、座右铭等能强化成就和自力更生意义的东西,并且随时变更它们的位置。这些可使人警惕反省的东西,能帮助你从不同角度看待人生,并和其他不同的东西发生联系。

(9)别因为遇到了反对意见就想要逃避,而应运用自己所有的资源就地和反对者战斗。但这并不是要你向那些对你说"不"的人挥动拳头,而是让你别去接受那些反对意见。你要尽一切努力改变反对者的心意,或者反躬自省,看看自己有什么做得不对的地方并加以改进。有的时候逆境是一种检验的机会,可以提供使自己更进步的方法。记住,你之所以成为一个独立的人,并且处于一定的处境,乃是因为你的心中坚持着某种观念和想法。如果你迟迟不肯运用这些观念思想的话,就等于给自己带来更多的限制和挫折。

(10)完成任何有价值的事情,都须付出一定的代价,但任何有价值的事情都值得去做。自力更生的代价就是当一个人在有情绪时,必须时时保持谨慎的态度。

他的思考方式:
"昨日的答案不适用于今日的问题"

"人经过努力可以改变世界,这种努力可以使人类达到新的、更美好的境界。没有人仅凭闭目、不看社会现实就能割断自己与社会的联系。他

必须敏感，随时准备接受新鲜事物；他必须有勇气与能力去面对新的事实，解决新问题。"

这是罗斯福的著名演讲。他认为"昨日的答案，不适用于今日的问题"，这在一定程度上告诉我们，事物是变通的，在一棵树上吊死的人是愚蠢的。做人要学会适应社会、适应环境、适应他人，要以坦然之心面对一切，这是我们的生存基础。

1. "新政"的试验精神和不畏惧犯错的胆略

罗斯福在芝加哥发表接受总统候选人提名演说的翌日，著名漫画家罗林·柯尔比在报纸上刊登了一幅漫画：一个疲惫的农民倚锄仰望天空掠过的一架机翼标有"新政"字样的罗斯福座机，那迷惘的表情中透着些许希望。自此，"新政"一词作为罗斯福施政纲领的鲜明标志不胫而走。

罗斯福发表演说时，其关于"新政"的理性概念以及明晰细致的蓝图并未形成，只是具备了一个大体的轮廓和意向性的原则目标。

罗斯福很善于感受公众的情绪，后来他那些没有先例的大胆行动大都闪烁着直觉的智慧火花。他看到美国人民在无助的困境中渴望试验、渴望新转机。而渴望试验只要能显示出运动或新颖就行，渴望新转机，只要不是按部就班死气沉沉就行。罗斯福表示自己看到了成千上万美国人的面孔，"那是迷了路的孩子们常有的绝望表情"。

在罗斯福一步步地走进白宫的过程中，美国面临着一个全新的局面，为人们所熟知和易于接受的传统理论已不能给他们多少启迪和指引，这势必导致一个在纷乱和挫折中寻求出路的阶段的出现，而这时只有具备勇于试验的精神和不畏犯错的胆略的领袖才能实行"新政"。

罗斯福不拘泥于陋习陈规，乘飞机直抵芝加哥提名代表大会并破天荒地亲自发表演说，这一行为本身就具有强烈的象征意义，这种充满活力和独创精神的举动给人民以警醒。理查德·霍夫施塔特认为，"新政"的核

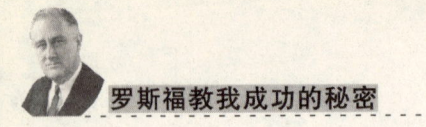

心,与其说是一种政治哲学,还不如说是一种气质,一种植根于勇于在未知领域大胆行动、不惧铸成大错的气质。

2. "打破惯性思维"——懂得绕弯子的人,才可能达到辉煌顶点

胡佛固守自己的信念,在经营管理人员的精细气氛中谨慎行事,而罗斯福则关注结果而不是抽象原则,感情充沛又从容自信。胡佛很少公开向人民表明他正试图做些什么,他甚至在公众场合尽量避免提到或使用"萧条"这个词,而罗斯福往往能够在一项政策实际上并不存在的时候,就清楚而有力地说明其指导方针。因此,罗斯福能够对民众意愿、社会舆论加以引导和必要的推动,把群众的愿望转换成政策。正如一位哲学家所说的:"懂得绕弯子的人,才有可能是达到辉煌顶点的人。"

所以,我们不妨试着打破惯性思维,学会多绕几个弯子。绕弯子并不是放弃,也不是后退,而是为了更快地接近目标。

在绕弯子的过程中,我们会发现自己距离目标越来越近。在很多情况下,即使绕弯子,机遇也不会有很多,稍不留意就会错过,正所谓"机不可失,时不再来"。不是机会太少,而是我们不懂得珍惜它。

一位编辑向一位名作家邀稿。那位作家是一位不爱说话、不善于应酬之人,于是,这位编辑在去他家之前,心中有一些不安与紧张。

刚开始的时候,无论编辑说什么话,这位作家都说"是,是"或者"可能是这样的",编辑无法开口说明请他写稿的事。之后编辑已经准备好了改天再来向作者约稿。

突然间,编辑脑中闪过一本杂志刊载的有关这位作家近况的文章,于是他对作家说:"先生,听说你有篇作品被译成英文在美国出版了,是吗?"作家猛然倾身过来说道:"是的。""先生,你那种独特的文体,用英语不知道

能不能完全表达出来？""我也在担心这点。"于是他们滔滔不绝地聊了起来，气氛逐渐变得轻松，最后作家答应了编辑的要求。

　　这位作家是一位不爱说话的人，但最后为什么会为了编辑的一席话，而改变了原来的态度呢？因为他认为这位编辑并不只是来要求他写稿的，对方读过自己的文章，对自己的事情十分了解，自己不能随便地应付。在求人办事的过程中，要想别人替你办事，就要像这位编辑一样学会多兜圈子：先不直接提出自己的请求，到时机成熟后再提出，这样对方更容易接受。

　　在追求一个目标时，西方人是走直线，直奔主题，意图非常明确，中国人不一样，中国人会绕圈子，等接近目标时，他们会突然后退，然后再迂回地接近目标，这样会获得更好的效果。凡是会为人处世的人，一般不会过分外露自己的才能，招致别人的嫉妒，也不会过分直露自己的见解，他们的办事心得是：多兜圈子，少碰钉子。

　　法国作家勒农说："你不要焦急！我们所走的路是一条盘旋曲折的山路，要拐许多弯，兜许多圈子，我们时常觉得自己背向目标，其实，我们是越来越接近目标。"当你无法前行时，不妨变通一下，用另一个方法来获得成功。会兜圈子，懂得绕道而行的人，才会走向成功。

　　一家化学实验室里，一位实验员正在向一个大玻璃水槽里注水，水流很急，不一会儿就灌得差不多了。于是，那位实验员去关水龙头，可万万没有想到的是水龙头坏了。如此再过半分钟，水就会溢出水槽，流到工作台上。水如果浸到工作台上的仪器，便会立即引起爆裂，里面正在起化学反应的药品，一遇到空气就会燃烧，让整个实验室在几秒钟内变成一片火海。实验员们惊恐万分，他们知道谁也不可能从这个实验室里逃出去。那位实验员一边堵住水龙头，一边绝望地大声叫喊起来，死神正一步一步地向他们靠近。就在这时，只听"叭"地一声，在一旁工作的一位女实验员，将手中捣药用的瓷研杵猛地投进玻璃水槽里，将水槽底部砸开一个大洞。水

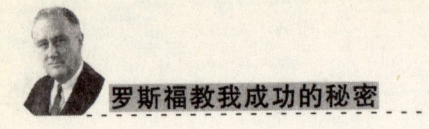
直泻而下，实验室一下转危为安。

在后来的表彰大会上，人们问她，在那千钧一发之际，她是怎么想到这样做的？这位女实验员淡淡地一笑，说道："我们在上小学的时候，就已经学过了这篇课文，我只不过是重复地做一遍罢了。"

这个女实验员用了一个最简单的办法避免了一场灾难。《司马光砸缸》我们都学过，砸缸救人，关键在于，破缸救命，牺牲缸一个，幸福归大家。

其实这个"缸"可以看作是我们的惯性思维，很多时候我们会对很多机会视而不见，只因我们被思维束缚住了。这个时候唯有打破，才能放飞我们的思维，进入一个新天地。

广告、广告，广而告之。平面广告须有内容、广播广告须有声音、电视广告须有画面，这是所有人的惯性思维。巴黎一银行新开业，想迅速打开知名度，便选择在电台做广告。此时一般做法是宣传一下，搞个大促销，或者请个名人做推广。但这家银行没有采用这种方法，因为要想快速获得知名度，就得出位，明显的差异才会赢得关注。

这家银行买断巴黎各电台的10秒钟黄金时段，向人们提供沉默时间。它是这样宣传的："听众朋友，从现在开始播放由本市国际银行向您提供的沉默时间。"然后整个纽约的所有电台都沉默，听众被这莫名其妙的10秒钟激起了兴趣，纷纷开始讨论，各大媒体也争相报道。

这家银行彻底打破了惯性思维，告诉了世人，广播广告不是非得大费口舌。在变化速度不断加快的年代，我们不仅要关注和追赶变化的步伐，更要鼓励自己使用创新的方法，使自己变得更快、更好、更不同。这个年代永远是创新的企业走在前端、创新的个人易于进入公众的视野获得更多的机会。

孙子兵法讲以正合、以奇胜。奇招绝对不是常规的方法，超出对手的想象和预测，打破惯性思维才会有出奇制胜的效果。

　　一天凌晨，一位游客推着一辆装满稻草的手推车来到了两国之间的边境。边防哨兵疑心顿起：对稻草是不需要征税的，但是稻草下面到底有些什么？这位哨兵仔细地对手推车中的稻草进行了搜查，但是一无所获。哨兵非常疑惑，也感到很恼火，但是他给这位游客放行了。

　　第二天这位游客又来了，还是推着一辆手推车，这次里面装满粪肥，粪肥也是不需要交税的商品。这位哨兵认为自己这次看穿了这位游客的鬼把戏：对稻草进行搜查是没有什么问题的，但是粪肥会使得自己的手臭不可闻。哨兵知道他的职责，于是找来一把小铲，仔细检查了臭烘烘的手推车，还是没有发现走私品。

　　之后的每一天，当太阳刚刚升到海关对面建筑顶端的时候，同样的情形就会发生。每次搜查已经变成了友好的例行公事。

　　"我知道你一定在走私什么东西，我会找到的。"哨兵咧开嘴笑着对这位游客说。

　　"这么多次了，你已经知道我是一个很诚实的人。"游客这样答道。游客是位乐天派，在搜查过程中，会和哨兵谈论前一天发生的事情：谁欺骗了谁、有关国家领导人的最新谣传以及现在已经被关在当地监狱中的走私犯的走私伎俩。

　　"我不希望那种事情发生在你身上。"边防哨兵说道。

　　"一个诚实的人没有什么可害怕的。"这位游客答道。

　　就这样过了一年多，直到突然有一天那位游客在日出之时没有来。

　　十几年之后，哨兵和游客都已经开始了完全不同的生活时，他们在一个酒馆中不期而遇了。哨兵问那位游客，希望他能解答一下多年以来一直困扰自己的一个问题。"我多年以前就离开海关了。我为政府尽心尽责地工作。我知道你当时在走私什么东西。你一定是在走私什么东西。"他说道，"都这么多年的老交情了，告诉我好吗？"

　　"是手推车。"

在残酷的市场竞争中杀出一条成功之路,对很多人来说,其中的残酷与艰难足以令自己望而却步,但是打破常规,不走寻常路可以令你事半功倍!

被日本企业奉为至宝的《三十六计》所提出的种种克敌制胜的计谋,核心就只有一条:不按常规行事。

那么,如何不按常规行事?这里有三个故事值得我们借鉴。

第一个故事:打破思维的常规。

有位销售经理对客户说:"在展览厅里,我可以满足你们提出的任何要求。"前几位客户的要求都得到满足,但这时客户却说:"要我买你的产品,除非你让肚脐眼长在眼睛的上面。"面对这一要求,经理显得束手无策。此时,一位职员对经理说:"做个倒立给他看看!"

第二个故事:用反规则的手段来扫清障碍。

在一次欧洲篮球锦标赛上,保加利亚队与捷克斯洛伐克队相遇。当比赛剩下8秒钟时,保加利亚队以2分优势领先,一般说来他们已稳操胜券。但是,那次锦标赛采用的是循环制,保加利亚队必须超出5分才算取胜。可要用仅剩的8秒钟再赢3分,谈何容易。

这时,保加利亚队的教练请求暂停。许多人对此举付之一笑,认为保加利亚队大势已去,被淘汰是不可避免的,教练即使有回天之力,也很难力挽狂澜。暂停结束后,比赛继续进行。这时,球场上出现了令众人意想不到的事情:保加利亚队员突然运球向自家篮下跑去,并迅速起跳投篮,球应声入网。这时,全场观众目瞪口呆,而比赛结束时间已到。当裁判员宣布双方打成平局需要加时赛时,大家才恍然大悟。保加利亚队这出人意料之举,为自己创造了一次起死回生的机会。加时赛的结果是保加利亚队赢了6分,如愿以偿地出线了。

第三个故事:寻找其他人想不到的新细节。

某证券公司的散户股民几乎人人赔钱,只有门口看自行车的老太太赚了个钵盈盆满,于是大家纷纷向她讨教炒股秘方。她说:"门口的自行车就是我炒股的'指教',自行车少、股市萧条的时候我就买股票,自行车多、

人人都抢着买股票的时候我就清仓。"

他的激情来源：
"没有比那些只顾自己眼前一点小事的人更可悲"

"做伟大的事情，享受骄傲的成功，哪怕遭遇失败，也远胜过与既不享受什么，也不承受什么的可怜虫为伍，因为他们生活在不知道胜利和退败为何物的灰暗混沌地带。"在罗斯福看来，"没有比那些只顾自己眼前一点小事的人更可悲"。

成功的人都有远大的目标，一个没有目标或者目标不明确的人，永远登不上成功的山顶。

1. 做伟大的事情，享受骄傲的成功

现实的工作与梦想之间总是存在着这样那样的分歧：希望成为记者却做着摄像的工作；希望成为演员却做着音效的工作；希望成为公关部经理却做着销售员的工作……工作与梦想的不一致，成为我们缺乏激情的主要原因。

梦想与工作真的很难吻合吗？其实并非如此，罗斯福在海军学院曾经待了7年，这不是他的梦想，但是最终他还是回到了政治界，而在海军学院积累的丰富经验为他日后蜚声政界起了一定的作用。

他的故事告诉我们，成功很少有捷径，很多时候你都需要做出足够的铺垫，而做好工作则能帮助你铺就最坚实的路基。

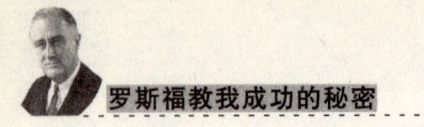

我们来看看下面这个故事。

19世纪的某一天，一副流浪汉打扮的埃德温·巴恩斯从美国新泽西州的一列火车上跳下来，赶往爱迪生先生的办公室。在爱迪生的秘书问到他来的原由时，他满腔豪情地说："我要成为爱迪生先生的合伙人！"

没想到他的这句话竟然帮助了他，使他获得了与爱迪生见面的机会。在与爱迪生进行的短短一个小时的交谈中，满怀激情的他再次获得爱迪生的准许，成为爱迪生实验室的一名员工，为爱迪生的工厂擦地板。

虽然只是地板清洗工，但是巴恩斯做得很带劲、很仔细，几个月后，巴恩斯所设想的目标并没有多大进展，但是他为爱迪生做助理的信念却日益坚定。

5年后的一天，刚刚得知爱迪生发明了一种叫"留声机"的新产品时，巴恩斯便跑去说服爱迪生将这个新产品的销售机会给自己，并得到了同意。这种在很多推销员看起来根本无法销售出去的新玩意儿，在巴恩斯手中竟然销售了出去。

就这样，巴恩斯获得了与爱迪生合作的机会，成为该产品的美国代理商。"我要成为爱迪生先生的合伙人！"巴恩斯5年前的梦想竟然实现了。

在与爱迪生见面之前，没有工作的巴恩斯穷得买不起一张去新泽西州的火车票，在这种困顿下，他走进了爱迪生的实验室，并一步步晋升为爱迪生的合伙人，期间支撑他不停向前的重要动力是什么？无疑是渴望实现梦想的激情。没有这种激情始终相伴，巴恩斯也许会有另外一种人生。

梦想的激情，也许无法一下子将你带到成功的彼岸——因为它只在你坚实的行动中才能发挥作用。但只有具备了这种激情，你才能有巨大的动力，让你干劲十足，不懈向前。

沙哈尔是世界著名的成功大师，他总结出三种工作境界：赚钱谋生、事业、使命感。

欧洲文艺复兴时期,有天中午达·芬奇路过一个工地,酷暑时阳光正毒,师傅们正挥汗如雨地砌着砖头。达·芬奇好奇地走过去问一位师傅:"能告诉我你在干什么吗?"这位师傅没好气地瞪了他一眼说:"你没长眼睛啊,没看见我在砌砖头吗?"

达·芬奇只好去问第二位师傅。这师傅亲切多了,回过头平静地说:"我在砌一堵墙。"然后继续他的工作。

达·芬奇还是不明白,就去问第三位师傅:"师傅你在干什么啊?"这位师傅从容地停下手中的活,转过身面带微笑地看了看他,又看了看工地,然后微微仰起头充满神往地说:"我啊,我在建一座教堂。"

如果你仅把工作当成赚钱手段,便没有可实现自我价值的途径,工作时只是盼望着下班、休假和加薪;如果你把工作当成事业,则既会关注财富的积累,也希望事业得到更好的发展,但是在享受生活的同时,你难免受累于权力和声望的追逐。

如果你把工作当成人生的使命,人生的境界就会大不相同。你若怀着使命感工作,工作本身会成为你的理想,你人生的价值,你生存的意义。

2. 如何获得成功的激情——"遭遇失败,远胜于不遭遇什么"

不要认为是眼前的工作削弱了你的兴致、埋没了你的激情,也不要认为自己的工作与梦想格格不入,你工作的每一步都起着夯实人生路基的作用,做好每一份工作,对你来说都是一种收获,因为它是你实现梦想的一个标志。

一个人首先要在工作中获得激情。

你可以从以下三方面进行努力:

(1)把工作当成一项事业

人们工作成就感缺失的一个原因是他们心理上不认可工作的价值,

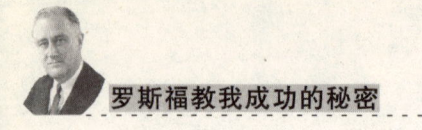

把工作当作一件苦差事。他们很难在工作中倾注热情，只是浑浑噩噩地过日子而已。而如果你把工作当作一份事业来看待，把工作与自己的职业生涯联系起来，情况就会完全不同。

这样一来，就能认识到工作的价值，觉得自己所从事的是一份有意义的工作，并从中感受到乐趣、使命感和成就感，从而产生一种积极主动的态度，把自觉自愿承担的种种工作看作是"应该做的"，最终产生一种巨大的精神动力。如此你在条件比较差的情况下，非但不会放松对自己的要求，还会更加积极主动地提高自己的各种能力，创造性地完成自己的工作。

即使对现在的工作并不是很满意，你也应该在离职前百分之百地投入自己的热情，因为工作除了给你提供赖以生存的基础，还给你提供了学习的机会，你可以通过工作来获取经验、知识和信心，为自己未来的事业打好基础。

你的工作热情越高，工作效率就越高，所收获的回报也就越大。有了回报后，你会更加喜爱你的工作，会觉得每天都过得很充实，很有成就感。

(2)积极的工作态度

成就感降低在某种程度上是一种心态问题。工作态度会影响一个人的工作情绪。如果你的工作态度总是消极的、退缩的，就不会有成就感。当工作所需的专业技能一直没有精进时，你尤其容易产生倦怠感。在工作时消极被动，你便不会被同事和领导欣赏。这种不认可会造成你的工作成就感的进一步降低。

以消极被动的态度工作，是很难取得成效的。工作需要热情和行动，需要努力和勤奋，需要一种积极主动的精神。如果我们能在完成分内工作以外，可以主动争取一些额外的工作，多付出一点，一定可以受到领导的重视。如果你能将额外的任务完成得很好，不仅能让领导肯定你，自己也会觉得很有成就感。

(3)让工作更具挑战性

所从事的工作没有挑战性是造成工作成就感降低的一个重要原因，

当你不能体验到通过努力获得成功的喜悦时，就会陷入消极的工作状态。

在现代社会，各种工作都在向专业化方向发展。专业化对经营是有益的，因为员工长期从事同样的工作，会使熟练程度提高。但是，过度专业化，也会使得工作变得单调，使员工丧失个人创意或动脑筋的余地，从而感受不到任何激动或成就感。

如果是这样，我们可以主动给工作增加点难度，使工作更具挑战性。例如，你是一名财务人员，以前你只是简单地进行记账，现在就可以尝试对公司的财务数据进行分析，对公司的某些问题提出自己的改进方法。即使你不向领导提出你的想法，也会获得成就感。

其次，一个人要在生活中获得激情，就需要喜欢自己，接受自己。

不可否认，在这个世界上，有些人不喜欢自己，因为他们无法接受自己。

不接受自己的人，常常心情郁闷，对生活中的一切都没兴趣；他们认为自己思想怪诞，甚至怀疑自己患有某种精神病；他们会抱怨周围的亲友、同事、邻居不能理解自己，对自己失去了激情。这影响到他们对别人的接受能力，进而使其产生其他方面的适应困难。由于他们不曾意识到这点，会无病自扰，表现出自暴自弃的倾向。

可见，对所有人来说，正确评价自己、接受自己至关重要，它关系到建立正确的自我观念以适应环境，促使性格健康发展。接受自己，去除自卑感，是精神健康的重要保证。

那么，怎样才能增进自我接受感呢？

首先，要克服完美主义。

你要认识到自己不可能做到十全十美。因为这世界并不完美。家人、友人一样有缺点。十全十美是可遇而不可求的，所以，你应当知足常乐。

你要容忍体谅，不但要与他人平和相处，亦要做到对自己的行为不致苛求。不要做时钟的奴隶，尽可能地在时间限制内完成工作，记住"欲速则不达"。你要明白讨好所有的人是不可能的，所以根本不必去尝试。"受欢迎"的本意是使他人赏识你本人，而不是你的最好表现。你可以尝试一下

"言所欲言"，坦诚和直率能消除许多障碍与心理压力。你要对自己有信心，因为你和任何人一样有可取之处，切勿过分自责，任何人都有彷徨的时刻，更不必为"爱"与"恨"过分担心。切勿自悲自怜，你的遭遇并不重要，你对遭遇的反应才是最重要的。

其二，要做到真正地了解自己。

自知者明，自胜者勇。你可以通过比较法（与同龄、同样条件的人相比较）、观察法（看别人对自己的态度）、分析法（剖析自己，了解自己的工作成果）等来认识了解自己。

其三，要树立符合自身情况的奋斗目标。

符合自身情况的目标会使你有机会充分发挥自己的才智，而力所能及的胜利能增加你的自信心。

其四，要不断扩充自己的生活经验。

每个人都要经历适应环境的过程。在这一过程中，你也许发挥了才干，也许暴露了缺陷。没关系，正反两方面的经验都将促进你对自己的了解。

你应诚实坦率、平心静气地分析自己。要有勇气承认自己在能力或品质上的缺陷，肯定自己的长处，扬长避短。

幸福的富有并不单指物质富有，还包括精神富有，物质的富有只满足了人的需求，而精神富有让人感到生活更充实、快乐，这样的人生更有意义。精神的富有，包括很多内容，拿破仑·希尔为我们列出了以下几点。

(1)你可以对自己有很高的评价

成功的人都对自己有很高的评价。这需要积极的思想做动力。你有了这种思想，就会一直超越、一直前进。这些积极性的思想包括：在我所认识的人中，你最有资格做这件事情，你要把自己的奋斗目标定得高些……

你要常问自己："我是否已经使用了我最大的智慧与能耐？"如果答案不是百分之百的肯定，那么你就该做些改变。而首要的改变就是，把消极思想换成积极思想。所谓消极思想，包括：我的条件还不足以做那个工作；我将一直处在贫穷之中；比我更具资格的人多如过江之鲫……你一旦陷

人这样平庸的思想之中,将会停滞不前,直到你的思想有所改变为止。

(2)你可以让自己显得很重要

每个人都认为自己很重要。但是,只有当人们迫切需要你的时候,你才真正变得很重要。为达到这个目标,有个办法可供你参考。提高自己的知名度。首先你要吃透一点:那些忙碌的人物,都被看成是被迫切需要的人。利用这个习俗,你可以找到提高知名度的有效办法,那就是为自己制造一种忙碌的假象,使别人知道你的顾客很多,你的崇拜者很多……总之,让任何你所想要的美好事物,都给人留下一种"你已经有很多"的印象。

人们都喜欢跟那些繁忙的人打交道,你越繁忙跟你打交道的人越多,跟你打交道的人越多,你就越繁忙。一旦人们知道你是他们迫切需要的人时,你的事业也会跟着繁荣兴旺起来。如此良性循环下去,你目前的繁荣兴旺会引来更大的繁荣兴旺,让你的事业常盛不衰。

一个人能不能获得成功,并不在于他目前已经拥有了多少,而在于他计划要得到多少。为此,你应该制定一个增加自我价值的计划,全速向真正美好的生活之路前进。这样,世人将给我们怎样的评价?回答是:等于我们对自己的评价。

自我评价决定了别人对你的评价,这是一条定律。别人对你的评价高了,方能显出你的重要。

(3)你可以有充分的自尊

对于每个成功者来说,最珍贵的财产就是"对自我的尊敬"。只要你能保持这份自我尊敬,就能拥有完美生活所必需的诸种要素:拥有朋友,被人崇拜以及被人接纳。

其实这些精神财富,是每个人都可以拥有的,每个人都能让自己富有起来,你在这之中应充当主人的角色。

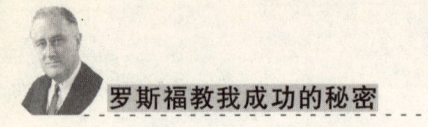

延伸阅读:培养积极信念——爱自己

(1)写下自己的十个优点,写完之后默念三遍,然后闭上眼睛再默默地念三遍。

(2)睁开眼睛,伸出双手请别人压一压。

(3)写下十个缺点,写完之后默念三遍,然后闭上眼睛再默默地念三遍。

(4)睁开眼睛,伸出双手请别人压一压,体会一下自己有什么感觉。

相信你实验的结果是在默念优点之后,伸出的双手很难被压下来,为什么?因为它变得较有力。这个小小的试验能让你具体地体验一下负面的、消极的及正面的、肯定的思想对一个人整体(生理、心理及精神的整合)的影响。

200名参加宴会的宾客品尝了同样的食物之后,有一半的人食物中毒,但另一半人却安然无恙。美国医生皮尔叟很是好奇,想通过研究了解其中的奥妙。结果他发现那些未中毒的人生活态度较积极,自我价值极高,对事情较看得开,处事较有弹性,用一句精神心理学的话来说,就是他们的心灵力量较大、较强,换句话说,心能越大,人越健康,免疫系统也较强些。

其实心能的大小强弱对人的各方面都有影响,医生、心理学家等早已提出各种理论与实验结果。

心灵的力量其实是很容易培养的,因为人的心灵是很单纯的,唯一的要求是你要相信你自己,肯定你自己,相信自己是个好人,勤奋、努力、认真、节俭,肯定自己的大方、仁慈、善良……但是,要人相信自己的最大困难,就是人永远在与别人比较:我不够好,因为别人比我更好;我不够仁慈,因为别人比我更仁慈;我不够漂亮,因为……人们总是有理由否定自己。人是很有意思的动物,许多人很难爱自己,却要求得到别人的爱;看到自己的净是缺点,但当别人指出它们时,我们却不能相信与接受。针对与别人比较,缺乏自信,爱自我责备这三点,我们可用以下方法来改善。

第一,跳出"与别人比较"的模式,而找出与"自己比较"的独立自我。

做到这点很不容易，因为我们从小到大所受的教育与社会影响多半是与别人比较，我们已经养成了习惯，但习惯是可以改变的。你最好找一个好朋友一起做，彼此鼓励，彼此切磋与支持。

第二，写下你所有的优点。在许多场合下，要求一些人写下优点时，他们会觉得很困难，但要他们写缺点时，却能完成得又快又好，所以请大家花一点时间想想自己的优点，若想不出来，就问朋友或家人，有时候别人知道的我们的优点要比我们自己知道得多。

第三，每天早上、中午及晚上念自己的优点三遍，刚开始可能觉得不自然甚至有些虚假，但做了一段时间之后，你会发现自己的优点增加了！

第四，每天记下自己所做的事，在好事、好的表现如"努力"、"认真"、"勤劳"等上面打一个记号，在需要改进的事及欠缺的方面如"骄傲"、"懒惰"等上面打一个记号。做完记录之后，你要好好地欣赏与肯定自己所做的好事；对需要改进的事你要告诉自己说："今天我有些自私，明天我会改进，做得更好些。"要谢谢今天所发生的一切人、事、物，感谢它们使你有学习、改进和成长的机会。

第五，用幽默的态度"嘲笑"自己做得不够好的地方，而不要严肃地责怪自己。

学会爱自己了吗？如果是，那么接下来你还要学习怎样去爱他人。

第三章

他的行动

——"单纯坐而论道是于事无补的,我们必须行动起来,而且必须迅速行动起来"

罗斯福认为人生的成功分两种:一种是有超常的才能和出众的禀赋,这类人为数不多;更多的人取得成功是通过艰苦不懈的努力。

罗斯福说:"在未经艰辛劳动,并运用最佳判断力和细心计划以及提早进行长时间工作的情况下,我从未获得任何东西。"

他的坚持

——"只有坚持本身才是我们需要坚持的东西"

39岁患上小儿麻痹症，两腿瘫痪，可是他坚持在政界奋斗；

50岁当选总统，面对1929年爆发的资本主义经济危机，他坚持施行"新政"，以轻松自信的"炉边谈话"激励美国人闯过难关；

1940年6月，法国投降，英国危急，是他坚持与和平主义、孤立主义作斗争，放弃绥靖，撤销《中立法》，为反法西斯胜利立下了不朽功勋。

一个娇生惯养的独生子，成为了轮椅上的巨人，因为他没有放弃，没有恐惧。罗斯福说："只有坚持本身才是我们需要坚持的东西。"

1. 标杆力——给自己一个用来学习而不是抄袭的榜样

长期以来，罗斯福在暗地里或潜意识里把特德叔叔（西奥多·罗斯福）作为自己效法的对象以及仕途上的榜样。其亦步亦趋的雷同和刻意模仿曾多次让人们认为，他不过是个幼稚而缺乏创意的马戏团新手，但他总是不以为然。特德叔叔39岁当上助理海军部长，当时的海军部长约翰·D·朗因病长期休养，特德叔叔便出任代理部长，他"主意很多，精神饱满，干劲十足。使他着魔的似乎只有订购军火和扩大海军"。

特德叔叔在那不到两年的助理海军部长任内为自己赢得了举国瞩目的荣誉，并藉此轻易地当选为纽约州州长，随后又登上总统宝座。这对罗斯福来说显然是一种启发和鞭策。潜意识里的活动有时会不经意地流露出来，有一次罗斯福趁丹尼尔斯不在首都华盛顿，半开玩笑地对记者们说，"今天又是一位罗斯福负责……你们还记得上次有位罗斯福担任这一职务时发生的事吗？"

31岁的罗斯福坐到了16年前另一个罗斯福用过的桌子旁，一些海军军官和他们的妻子起初甚至把他当成了新来的大学毕业生，但是很快这位"大学生"就开始向那些比自己年龄大得多的将军们发号施令了。他所受到的注意和尊重部分来自他的职位和姓氏，部分来自他本人的工作才能、领导气质以及对海军业务的熟练掌握。航海行话和专业术语罗斯福都能脱口而出，美国海军发展史上的大小人物、事件甚至掌故他也都了然于胸，如数家珍。而罗斯福的妻子埃莉诺，在逐步克服羞怯与敏感的同时，也开始在军官们的妻子和华盛顿的社交界应付自如，逐渐赢得了大家的好感。

叔侄二人的仕途如出一辙，而罗斯福从不放过任何标榜这一共同点而又不致招人反感的机会。他把叔叔当成自己的榜样，但是仅仅是用来学习，而不是用来抄袭。

罗斯福决心仿效叔叔进入政界，并在1910年找到了一鸣惊人的机会——他打算竞选纽约市参议员，但以民主党候选人的身份出现。当他把这个决定告诉身为共和党人的总统叔叔时，叔叔怒而骂道："你这个卑鄙的兔崽子！你这个叛徒……"

但是富兰克林·罗斯福没有改变前进的方向。他乘着一辆红色的汽车，每天进行十多次演说，最终当选为纽约市参议员。1913年，威尔逊总统任命他为助理海军部长。在任职的七年里，他表现杰出。1920年，罗斯福被提名为副总统候选人。虽然此次竞选失败了，但他作为政治新星的光芒却未曾削减。

我们可以总结一下成功之路上的"标杆法则"：

(1)学习标杆要过硬

要用好标杆管理这个学习工具，寻找学习目标的立杆过程最为关键。发现和树立标杆要体现先进性。在组织学习中，运用标杆原理不但应注重

实践性和可操作性,还要强调标杆的最佳实践。你不但要把自己的学习视野放在本行业佼佼者的身上,还可以把其他行业的先进作为学习目标。

(2)发现和树立标杆要注意适应性

选择的标杆不应是最先进的,而应该是"跳着脚能够得着的",如同罗斯福的叔叔之于罗斯福——找出自身存在的差距,创造性地改进和优化自身。如此你不会因为标杆距离自己很远,而感到自卑、丧失信心,甚至绝望。

(3)当我们心中确立了一个标杆,不要站在原地等待机遇降临

我们不要等着别人伸出援助之手,而应马上行动起来。畏首缩尾,瞻前顾后,只会致使理想火花熄灭。

2. 坚持力——力量来自渴望,成功来自坚持

智慧、干练、胸怀宽广、深孚众望,似乎什么都不能阻挡这个39岁的男人迈上政治巅峰的脚步。但是,无情的灾难在这时降临了。

罗斯福患上了脊髓灰质炎(小儿麻痹症)后,母亲萨拉认为儿子应该像丈夫詹姆斯当年一样,在生病后退隐于海德公园的老宅,过乡村绅士的生活,而不应该再回到公众人物的生活中。她觉得德拉诺家族留下来的家产足以支持罗斯福的生活,他不需要再去工作。

但罗斯福并不想放弃,他坚持锻炼,希望自己的身体尽快康复,他也未停止工作,还保留了自己在许多慈善团体中的领导位置。在霍韦和米西·莱汉德的协助下,罗斯福得以时常和民主党领袖联系,共同商议民主党的发展大计。

罗斯福装了一副14磅重的钢制矫形器,把他的脚踝和大腿都支撑了起来。在卧床7个月之后,罗斯福失去了平衡能力,他需要大家的帮助才能站起来。由于他臀部以下已经全部瘫痪,连挪动大腿都难以做到,所以他得学习如何拄拐行动,如何利用自己头部和上半身保持平衡。尽管一再摔

倒，但是能站起来罗斯福已经很高兴了，而且他还学会了自己拄拐走路。

那年夏天，富兰克林·罗斯福搬到了海德公园，那里的气候更加凉爽，让他可以更加接近大自然。罗斯福坚持恢复性训练，有时会到温水游泳池游泳，或者去草坪上玩双杠。但是，他的恢复仍然很缓慢。洛维特医生在8月14日给他的信中说："我认为你应该尽量多走动，谁都不是天生就会拄拐杖走路，谁都需要勤加练习，就和其他的运动一样。你需要花很多时间才能让自己满意。"于是，富兰克林·罗斯福常常一下午一下午地在通往阿尔巴尼邮政大道的砾石路上练习走路，尽管他带着矫形器的步伐有些蹒跚，姿态也不甚优雅，但是他确实能拄着拐杖一步一步地前进，而且每天都能多走一点点。终于，他能走到一英里外的棕色石柱那里了。

10月9日，在离开15个月后，富兰克林·罗斯福又回到了他位于富达储蓄担保公司的办公室里。罗斯福决定自己走过去。他要自己跨过人行道，走进大门，穿过大厅，一直走到了远处的电梯里。当他不用司机的搀扶，独自艰难地走过人行道时，街上的路人都在驻足观看。

有人为他打开了大门，有人站在旁边给他让路。当踏上大厅光滑的大理石地面时，他有些吃力，汗水从头上淌了下来。突然，他的左腿一个趔趄，司机伸手去搀扶他，可惜已经太晚了，罗斯福已经躺在了大理石的地面上。旁边的人都冲了上去，但是又退了回来，因为他们不知道该怎么办。

在挣扎了一番之后，罗斯福终于坐了起来。他自嘲地笑了笑，对周围捏了一把汗的人们说："没什么好担心的，很快就好了，来扶我一把。"

两个小伙子走上前去，和司机一起把罗斯福扶了起来。有人把他的拐杖拿了过来，又给他戴好了帽子。他说："我们走吧。"

周围的人群自发给他让出一条路，大家都屏住呼吸，目送罗斯福离开大理石大厅。罗斯福一路对众人点头微笑，艰难地挪动着每一步。

1924年的民主党代表大会是历史上首次在全国范围内由收音机现场直播的代表大会。6月24日，富兰克林·罗斯福作为纽约代表团的主席坐在轮椅上出席了全国代表大会开幕式。他还出席了此后的每一次会议。每当他们到达离纽约州代表团最近的一个门时，詹姆斯都会给他的父亲装上

矫形器并扶父亲站起来,然后让父亲自己走进会场。当罗斯福每天沿着走道往下走的时候,人群中都会爆发出阵阵掌声。通过无线电广播,人们听到了会场里的掌声,听见主持人说:"我不知道为什么,但是我想可能是富兰克林·罗斯福来了。他常常因为自己与病魔顽强的斗争而受到人们的赞誉……是的,是他进来了。他正沿着走道拄着拐杖慢慢向前走。"

当他终于到达演讲台上时,所有的代表都起立向他致意,并持续了三分钟之久。人们看了他的表现后,心里充满了敬畏。

罗斯福用自己的行动,击败了疾病带来的阴影,也征服了美国人民。他用以治病的佐治亚温泉被众人称之为"笑声震天的地方"。1924年,罗斯福拄着双拐重返政坛,并在1928年成为纽约州州长。

政敌们常用罗斯福的残疾来攻击罗斯福,这是罗斯福终生都不得不与之搏斗的事情,但是他总能以出色的政绩、卓越的口才与充沛的精力将其变成优势。首次参加竞选他就通过发言人告诉人们:"一个州长不一定是一个杂技演员。我们选他并不是因为他能做前滚翻或后滚翻。他干的是脑力劳动,在想方设法为人民造福。"

富兰克林·罗斯福在接受提名的演说中慷慨陈词,表示自己将要以完全独立的、不受任何特殊利益集团影响的姿态,献身于纯洁政治和为人民谋福利的事业中。他呼吁独立思考的选民们给他以帮助。他的竞争对手是竞选连任的共和党参议员约翰·F·施洛塞尔。波基普西市下辖的达切斯县、哥伦比亚县、帕特南县拥有面积达2.5万平方英里的乡村,属北部纽约州比较发达的农业区。以前那里的农场主一般投共和党人的票,自南北战争以来,民主党人仅在那里获胜一次。罗斯福适时地决定把竞选的论题笼统地集中到保守派党魁的专断腐败上,希望自己以诚恳的态度获得共和党进步派的支持。他租了当地农场唯一的一辆红色麦克斯韦尔大轿车,给这个没有顶盖和挡风玻璃的车装饰上彩旗和竞选图画。对于罗斯福摆出的大干一场的架势,他的对手不以为然,守旧派也认为这个年轻人不足为虑。他们甚至断言,选民中占多数的农场主一定会因为红色轿车吓惊了他们的马匹而在投票时报复爱出风头的罗斯福。

但罗斯福不为所动,带着随行人员驱车奔驰在辽阔的乡间田野。他对着散居各处而难以聚集的选民们作了无数次艰难而无法预知效果的演说。他这时的演说技巧还谈不上高明或老练,有时甚至语有梗阻,不够流畅。但他很快就学会了美国政治家们的经验和惯用手法:对人笑容可掬,热情握手;对所到之地讲上几句足以勾起当地居民自豪感和优越感的奉承话;主动提议彼此采用亲昵的称呼以给选民亲近感。

依靠这样的坚忍和乐观,罗斯福终于在1933年以绝对优势击败胡佛,成为美国第三十二届总统。

很多年轻人不是没有渴望,不是没有目标,但总是在通往成功的路上半途而废,被眼前的困难所击倒,放弃了自己对梦想的坚持。

有一个喜欢开玩笑的庄园主,名叫乔治。眼看圣诞节要来临了,他觉得应该给予兢兢业业的管家以嘉奖,于是他拍着管家杰克的肩膀说:"亲爱的杰克,这里有四大碗粥,我在其中一碗里放了两枚金币,喝到了就是你的啦。"

管家杰克很想得到金币,但他确定不了金币究竟在哪个碗里。他犹犹豫豫地把第一碗粥喝了一部分,但忽然觉得金币应该在第二个碗里,于是他又去喝第二碗粥。喝了一部分后,杰克此时不太甘心,便又喝掉了第三碗粥的一部分,最后他又改变了主意,第四碗粥又被他艰难地喝了一半⋯⋯

这时候,杰克感到自己的胃里再也装不下任何东西了,但他一枚金币也没有得到。

其实,乔治在每碗粥里都放了两枚金币,杰克无论喝掉哪一碗美味的粥,都能得到他梦寐以求的金币。

杰克的故事警示我们,浅尝辄止常常会致使我们失去唾手可得的成功。我们必须有一股"较真"的精神,把事情坚持到底,圆满解决!

成功的人有一个共有的特点,就是有坚持到底的精神。当你能锲而不

舍时,你的梦想就能成真。

中国有一个古老的传说:有两个人偶然与神仙邂逅,神仙授他们以酿酒之法,叫他们选端午那天收割的米,与冰雪初融时的高山流泉调和,之后注入千年紫沙土铸成的陶瓮,再用初夏第一张看见朝阳的新荷覆紧,密闭七七四十九天,直到鸡叫三遍后方可启封。

像每一个传说中的英雄一样,他们历经千辛万苦,跋涉千山万水,找齐了所有的材料,把梦想一起调和密封,然后潜心等待那注定的时刻。

多么漫长的等待!漫漫长路的终点终于触手可及,第四十九天到了。两人夜不能寐,等着鸡鸣的声音。远远地,传来了第一遍鸡叫,过了很久很久,依稀响起了第二遍,第三遍鸡鸣到底什么时候会来?其中一个再也忍不住了,他迫不及待地打开陶瓮,却惊呆了——里面的一汪水,像醋一样酸,像中药一样苦,他失望地把它洒在地上。

而另一个人,虽然欲望如同一把野火在心里慢慢地燃烧,让他按捺不住想要伸手,但他还是咬着牙,坚持到了三遍鸡鸣响彻天际。当他打开陶瓮,立即惊呆了——多么甘甜清澈的酒啊!

所以说,什么是世界上最难的事?是坚持。

罗斯福用他一生的成功经验告诉人们:成功根本没有秘诀。如果有的话,就只有两个,第一个是坚持到底,永不放弃;第二个是当你想放弃的时候,请照着第一个秘诀去做!

3. 平和力——在竭力要飞上天去的时候,先学会在地上 走的本领

罗斯福曾经把自己的上司丹尼尔斯看做是一个"滑稽可笑的庄稼

汉",不时拿着一些非常没有分寸的报告和备忘录来给他看,还在华盛顿上流社会的熟人圈子里滑稽地模仿和嘲笑丹尼尔斯的言行举止。

对此,饱经沧桑的丹尼尔斯表现出了一位长者的宽厚与大度。

1913年,罗斯福急切地想证明自己,他正式宣布自己将作为纽约州的民主党候选人竞选联邦参议员。罗斯福没能认清形势,激动而滔滔不绝地向远在欧洲的对手提出了许多问题。他请了3个月假,不拿薪水,全力以赴地投入到竞选中。他深入到曾经是他的福地的波基普西地区作巡回演说,然而最终失败,在10月的预选中,可怜的罗斯福仅获76888票,他的对手杰拉尔德的得票数几乎是他的3倍。

这让罗斯福开始反省自己的急功近利。他曾经看不起的上司丹尼尔斯让他慢慢明白:"竭力要飞上天去的时候,先要学会在地上走的本领!"

随着阅历的增长,罗斯福越来越依恋丹尼尔斯。这一对气质和工作风格迥异的搭档在经历了一段磨合期后关系日趋密切,形成了一套分工制度:罗斯福负责几乎所有的技术性事务,其内容庞杂而富于弹性,主要包括海军文职官员的人事管理、军备物资的采购和生产、海军收支预算、军用船厂和仓库的管理、文职人员与军官的关系协调等方面;丹尼尔斯则统筹全局,负责方向性的决策工作。

俗话说:"欲速则不达。"做人做事还需忍耐、平和、步步为营。成大事者,都力戒"浮躁"二字。只有踏踏实实的行动才可开创成功的局面。急躁会使你失去清醒的头脑,使你不能正确地制定方针、策略,从而无法稳步前进。

任何一位试图成大事的人都要扼制住浮躁的心态,只有专心做事,才能达到自己的目标。

古代有个叫养由基的人精于射箭,且有百步穿杨的本领。

有一个人很仰慕养由基的射术,决心拜养由基为师,经几次三番的请求,养由基同意了。收他为徒后,养由基给他一根很细的针,要他放在离眼睛几尺远的地方,整天盯着针眼看,看了两三天,这个学生有点疑惑,问养

由基说:"我是来学射箭的,老师为什么要我干这莫名其妙的事?什么时候教我学射术?"养由基说:"这就是在学射术,你继续看吧。"这个学生开始表现还很好,能继续看下去,可过了几天,便有些烦了。他想:我是来学射术的,看针眼能看出什么来?老师不会是在敷衍我吧?

之后养由基教他练臂力的办法,让他一天到晚平端一块石头,伸直手臂。这样做很苦,徒弟又想不通了:我只学他的射术,他让我端这石头做什么?于是很不服气,不愿再练。养由基看他不练,就由他去了。后来这个人又跟别的老师学艺,最终没有学会射术,空走了很多地方。

其实,这个人如果能脚踏实地,不好高骛远,从一点一滴做起,他的射术肯定会很精湛,但他没有坚持下去,抱着急功近利的态度,最后一事无成。事实证明,想要成为一个成功人士,就需要一步一个脚印,脚踏实地,从最基础的事情做起,为自己的发展打下坚实的基础,就像建造房子一样,只有把基础打扎实了,发展才会迅速,大楼才会盖得既牢固又高大。

古往今来的杰出人物,无不志存高远,有将满怀豪情化作行动的勇气与毅力。人类失去梦想,世界将会怎样?我们需要梦想的光芒照进现实,可我们更需要用脚踏实地的品格去实现自己的梦想。用实干完善自我,用实践成就自我!

他的行动
——用勇气抓住机遇,用冷静控制局面

罗斯福推翻的先例比任何人都多,砸烂的古老结构比任何人都多,对美国整个面貌的改变比任何人都要迅猛而激烈。然而也是他最深切地相信,美国这座建筑物从整体来说,是相当美好的。

罗斯福以自己非凡的勇气和冷静的态度带领美国走出经济困境,改

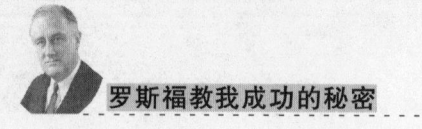

变了美国人的生活方式,捍卫了民主政体,帮助世界实现了安全。

1. 挺身而出——只有积极勇敢地创造机遇,才会得到机遇

在罗斯福首次履任总统的1933年年初,经济大萧条的风暴席卷美国的时候,到处是失业、破产、倒闭、暴跌的消息,到处可见美国的痛苦、恐惧和绝望。对此,罗斯福表现出一种战胜一切的勇气,他说:"整个国家需要我们行动起来,马上行动起来。"在简短地介绍了自己的计划后,罗斯福说他会向国会提出"一个灾难深重的国家在一个灾难深重的世界中所必须采取的措施"。如果这个措施不被国会所采纳,"我将决不回避显然义不容辞的责任。我将向国会要求对付危机的最后手段——在紧急状况下发动战争的总统特权,这是在国家确实遭受外敌入侵时应该授予我的权力。"

就在国家急需强有力的领导的时候,罗斯福毫不犹豫地挺身而出。

他展现出来的勇气让处在恐慌中的美国人民看到了希望,也给他自己打开了一个足够广阔的舞台。

勇气是机遇的产物,我们只有积极勇敢地创造机遇,才会得到机遇。但抢抓机遇离不开人们的勇气,有了勇气,我们才不怕失败,不怕艰苦。见到困难就主动低头者,是永远谈不上成功的。

虽然每个人的成功都有运气的成分,但它首先需要人们有勇气去尝试,只有这样,当运气来临时,你才能够抓住机遇。如果没有勇气,不敢去尝试,你永远都不会获得任何机会。只有有勇气的人才不怕风险,而愿冒风险的人往往会有机会得到更好的回报。

你可能不知道,亨利·福特在进军汽车业的前三年,破产过两次;美国大百货公司梅西百货曾经七次遭遇转折点,也就是我们所称的"失败",但是,这些两者都努力坚持了下来,最后取得了成功。所以说,一个人要想成功,就不能惧怕失败。冷静地分析失败的原因,寻找突破口,说不定就会有成功来敲你的门。

机遇从来不喜欢懒汉,也不欣赏投机者,机遇总是伴随着勤奋努力的人,不断开拓的人,持之以恒的人,力求创新的人。作为新一代青年,我们每个人都希望成功,所以我们更要懂得如何抓住机遇,努力进取,创造一番属于自己的事业,造就成功的自我。

一个农民,初中只读了两年,家里没钱继续供他上学。他辍学回家后,帮父亲耕种三亩薄田。在他19岁时,父亲去世了,对这个家庭来说这是最大的灾难, 家庭的重担全部压在了他的肩上。他既要照顾身体不好的母亲,还要照顾一位瘫痪在床的祖母。这么多的困境足以让弱者垂头丧气。

20世纪80年代,农田承包到各户。他把一块水洼挖成池塘,下决心养鱼。但后来乡里的干部告诉他,水田不能养鱼,只能种庄稼,无奈下他只好又把水塘填平。这件事成为村里闻名的笑话,在别人的眼里,他是一个想发财但又非常愚蠢的人。

但他并不在意,听说养鸡能赚钱,他向亲戚借了500元钱,养起了鸡。但是在一场洪水后,鸡得了鸡瘟,几天内全部死光。500元对别人来说可能不算什么,对一个只靠三亩薄田生活的家庭而言,不啻天文数字。他的母亲禁不起这个打击,竟然忧郁而死。

后来他酿过酒,捕过鱼,甚至还在石矿的悬崖上帮人打过炮眼……可以说什么活都干过,可这些都没有赚到钱。35岁的时候,他还没有娶到媳妇。即使是离异的有孩子的女人也看不上他,因为他只有一间随时都有可能在一场大雨后倒塌的土屋。娶不到老婆的男人,在农村是没有人看得起的,但他就是不放弃。还想搏一搏的他,四处借钱买了一辆手扶拖拉机。不料,上路不到半个月,这辆拖拉机就出了意外,载着他冲入一条河里。

债台高筑的他断了一条腿,成了瘸子。而那辆拖拉机,已经支离破碎,他只能拆开它,当作废铁卖了。

村里的人更加鄙视他了,都说他这辈子只能这样了。

但是谁也不会想到,后来的他能成为一家公司的老总,手中有两亿元的资产。许多人都知道他苦难的过去和富有传奇色彩的创业经历,许多媒体采访过他,许多文字报告描述过他。给人留下很深印象的是以下这个情节,而这个情节说明了一切。

记者问他:"在苦难的日子里,你凭着什么一次又一次毫不退缩呢?"

他坐在宽大豪华的老板椅上,慢慢地喝完了手里的一杯水。然后,他把玻璃杯子握在手里,反问记者:"如果我松手,这只杯子会怎样?"

记者说:"摔在地上,碎了。"

"那我们试试看。"他手一松,杯子掉到地上发出清脆的声音,令大家吃惊的是杯子并没有破碎,完好无损。

接着,他意味深长地说:"即使有10个人在场,他们都会认为这只杯子必碎无疑。但是,这只杯子不是普通的玻璃杯,而是用玻璃钢制作的。"

从他的人生经历中,我们看出了一个人的决心与勇气是多么的伟大。这样的成功者,是什么坎坷都不怕的,什么艰险都抵挡不住他前进的步伐。成功不属于这样的人还会属于谁?

一个人走在成功的道路上,坎坷和磨难总是时时相伴,胜利总是和失败接踵。有勇气追寻成功的人是善于从教训中积累力量的人,他们不会被困难所威胁,反而会从失败中获得新生。在他们看来,无论是感情上的挫折,还是事业上的坎坷,抑或是选择时的失误,都可以为自己的成长提供最好的经验,都可以为自己的内心增添更多的勇气。这就是成功者的气魄,勇气是他们成功的最大动力。

生活就是一扇大门,在开启之前,成功与失败都无从断定,但当它对你关闭着的时候,你要迈向成功的第一步是必须具备敲门的勇气。如果连敲门的勇气都没有,就不要谈什么成功。很多人让机会流失了,所以成功离他们很远;而有的人能及时地去抓住机会,所以成功离他越来越近。

现实生活中,你如果没有勇敢追求的精神,机遇就可能与你失之交臂。

具体来说,你要用勇气去做以下几件事情:锁定目标、做好准备、积蓄力量、做好规划、培养习惯。

锁定目标

一个人如果没有目标,就像一艘无帆的船,永远漂泊在无边的海上。一个人要想创立一番事业,必须量身订制一个目标。

这个世界上有太多忙忙碌碌的人,他们机械地重复着每天的生活。眼睛一闭一睁,一天过去了,眼睛一闭不睁,这辈子过去了。他们从不问自己,到底在做什么? 为了什么而活?

在竞争日趋激烈的今天,学会给自己的人生科学地定个目标非常重要。目标是成功的起点,当你明确了人生目标,你便找到了人生的主流,找到了奋斗的方向,你的潜力才能得到充分的发挥。

罗杰·罗尔斯是纽约州第五十三任州长,也是纽约历史上第一位黑人州长。他出生在声名狼藉的大沙头贫民窟,那里可以说是罪恶的发源地。在这里长大成人的孩子,要么是在监狱里,要么处于即将步入监狱的状态,只有极少数的人获得较体面的工作。罗杰·罗尔斯就是个例外,他不仅考入了大学,而且还成了州长。在就职的记者招待会上,罗杰·罗尔斯对自己的奋斗史只字未提,他仅说了一个非常陌生的名字——皮尔·保罗。

后来人们了解到,皮尔·保罗是他所念小学的校长。1961年,皮尔·保罗被聘为诺必塔小学董事兼校长。当时正值美国嬉皮士流行的时代,他走进大沙头诺必塔小学的时候,发现这儿的穷孩子比迷惘的一代还要迷茫,他们旷课、斗殴,甚至砸烂教室的黑板。当罗尔斯从窗台上跳下来走向讲台时,皮尔·保罗说:"我看你修长的小拇指就知道,将来你是纽约州的州长。"

罗尔斯非常吃惊,因为长这么大,只有他奶奶的表扬让他振奋过一次,她说他可以成为五吨重小船的船长。这一次,皮尔·保罗先生竟说他可以成为纽约州的州长,着实出乎他的意料。他记下了这句话,并且相信了。

从那天起,纽约州州长就成为他的一个目标。从那一天开始,他的衣服干净整洁,说话彬彬有礼,走路挺直了腰板,还成为了班干部。在以后的40年间,他没有一天不按州长的身份要求自己。51岁那年,他真的成为了州长。

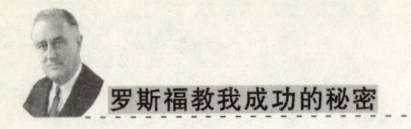
做好准备

诗人们说:"如果你错过了太阳,决不能再错过月亮;如果你错过了月亮,决不能再错过星星;如果你再错过了星星,那等待你的将只有沉沉的黑夜。"

哲人们说:"不要懊恼于昨天,不要幻想于明天,好好地把握今天。"

圣贤们说:"不怨天,不尤人,下学而上进。"

所有这些话,都说明了一个意思:机遇从来只垂青那些早有准备的人。

人们在一座山顶上雕琢了一尊巨大的花岗岩佛像,并用细小的花岗岩石块铺了一条盘山而上的小路,以便天下的善男信女们拾级而上,朝圣求佛。这引起了广大花岗岩铺路石对花岗岩佛像的强烈不满,花岗岩铺路石对花岗岩佛像抱怨道:"我们都是花岗岩的后代,我们都有花岗岩坚硬的品质,凭什么你高高在上,受天下善男信女们的顶礼膜拜,而我们却要被天下的善男信女们踩在脚下,永世不能翻身?"花岗岩佛像微笑着平静地说:"那是因为我经历了千刀万剐,而你们却只经历了三四刀而已。"

"千刀万剐"这四个字十分形象地说明了花岗岩成为佛像的不易,也十分形象地表明了做好充分的准备,需要巨大的付出。

机遇对于有准备的人来说,是通向成功之路的催化剂;对于缺乏准备的人来说,却是一颗裹着糖衣的毒剂,在你还沉浸在获得机会的兴奋中时,有些事会给予你沉重的打击,让你懂得没有准备好,就不应该上场。

一次,一个大规模音乐会的组织者想邀请瑞士钢琴家塔尔贝格出场演出,塔尔贝格问他:"演奏会什么时候开始?"组织者答道:"下个月1号。"

塔尔贝格接着说:"对不起,练习时间不够,我无法参加。"组织者不解地问:"您是钢琴界大师级的人物,难道还需要练习吗?"塔尔贝格说:"我演奏一曲新曲目时,至少要有一个月的时间练习。"组织者又问:"三天时间不够吗?我认识许多音乐家,从来没有一个人会为一次并不重要的演奏

会而练习三天以上,像你这种大师级的音乐家,更没有练习的必要了吧。"

塔尔贝格认真地说:"我每次发表新作品,至少要练习1500次,否则不敢出场演奏。就算一天练习50次,也需要一个月的时间。如果你能等一个月,我很乐意出席演奏。否则很遗憾,我只好拒绝你的邀请。"

世界上最可悲的事是:曾经有一个非常好的机会摆在我面前,可惜我没有把握住。遗憾的是,这种事情在很多人身上都发生过。其实,机会对我们所有人都是平等的,它有可能降临在我们每一个人的身上,前提是在它到来之前,你做好了准备。

积蓄力量

楚庄王三年不鸣,志在一鸣惊人;越王勾践用十年的时间卧薪尝胆,为的是有朝一日一洗前耻;亚洲首富孙正义在公司濒临绝境之时,又生病住院了,在医院躺的两年间,他读了200本书,病好后继续奋斗不止,终成大业。

这些人都有一个共同的特点,就是坚忍,就是善于在沉默中积蓄力量。

沉默的力量来源于内心深处,是没有痕迹的精神锤炼。沉默也许会逼迫你的灵魂走向更加深刻的孤独,但是它能够让人静下心来窥视自己的灵魂深处,让你不断地积蓄自身的力量。机遇一旦来临,沉默就会爆发出不可估量的威力。

在四川境内有一种奇特的植物——毛竹。它的生长过程可谓自然界的一大奇观。它在种植期前5年丝毫不长,在第六个雨季到来的时候,都会以每天6英尺的速度向上疯长,15天左右,就可以长到90英尺高,在竹林中脱颖而出。更为奇特的是,在它生长的那段日子里,处在它周围10多米内的其他植物会停止生长,等到它的生长期结束后,这些植物才能获得生长的权利。

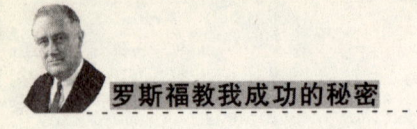
这一奇特现象的谜底最终被揭开。原来它前5年不是没有生长,只不过是以一种沉默的方式在生长——向地下生根。经过5年默默无闻的"地下工作",看似柔弱的雏竹,根系竟然向周围扩展了10多米,向地下深扎了近5米,可谓"博大精深"。

自古雄才多磨难,似乎成了一条定律。在向目标前进的路上,不知要倒下多少人。大浪淘沙,剩下的就成了精英。古代武林高手,每过几年就要闭关修炼,因为长江后浪推前浪,高手辈出,唯一让自己保住地位的办法就是修炼,不停地修炼,使自己强大。"心有多大,江湖就有多大",我们这个时代的江湖,没有血雨腥风的仇杀,只有资源的竞争。求知的人要耐得住寂寞,要把自己放在知识的炉火里炼个三年五载,脱几层皮,虽然这样未必能让你拥有一双火眼金睛,但至少会让你更加聪明伶俐。当你默默无闻、忍受孤独寂寞的时候,你的力量在增长,你的根基在扎实,等到属于你的雨季来临,你就会像毛竹一样疯长,创造生命的奇迹。

做好规划

我要在未来5年、10年或20年内实现怎样的职业高度或个人具体目标?

我要在未来5年、10年或20年内挣到多少钱或具有何种挣钱的能力?

我要在未来5年、10年或20年内拥有怎样的一种生活?

以上3个问题你问过自己吗?

美国心理学家利维森认为,一个人在青年中期(大致相当于我国刚刚大学毕业),心智还未完全成熟,这时候他的选择并不能永远决定未来的人生。此时,他往往面临着一个巨大的人生转型期。在这个转型期内,机会与选择总是交织在一起,如果他能抓住机会、选择正确,就可以为一生的成功打下坚实的基础,反之则可能抱憾终生。所以年轻人在进行人生远景规划时,一定要慎之又慎,争取在第一次规划时就找到自己事业的位置,避免走弯路,耽误自己的人生旅程。

对自己的人生远景进行规划,是把握机会的一个必不可少的前提条件。

在机会面前,处理好以下几个关系至关重要。

(1)认识自我

要正确地认识自我,首先要接受自我,要树立起"天生我材必有用"的价值观。每个人都有自己的天赋,也有属于自己的客观环境。天赋很容易得到发挥,但客观现实却难以改变。因此,我们首先要接受自我,才能改变自我,最终达到实现自我的目的。

做到接受自我的方法如下:正确地看待自己的短处;不要一味地与别人的长处比较;正确地评价自己和别人;树立适当的奋斗目标;增加社会交际;学会调控自己情绪的方法;积极参加各种活动,体验成功。

要正确地认识自我,还要学会面对挫折。挫折是一个人需求得不到满足所表现出的一种消极情绪,是大部分人都会经历的人生过程。没有经历过挫折和失败的人生是不完整的,因为人能在挫折和失败中,不断地认识自我、体验成长的快乐。应对挫折的办法如下:不要过分计较个人得失;培养积极的人生态度;与知心朋友谈心,寻求帮助;吸取经验教训,越挫越勇。

(2)深刻了解自己所钟情的领域

远景是一个包括远景知识、远景态度、远景决策和远景规划在内的综合性的概念。在你尚未对一种远景形成良好的认识之前,盲目从众的决策可能会招致入行容易出行难的困境,进而对你事业的发展形成极大的阻碍。

(3)做好能屈能伸的准备

青年人有激情、有梦想,所以往往选择留在大城市,进大公司、大企业。这多半是因为这样的公司待遇高、环境好或机会多。然而,在人才济济的公司或城市,你不可能事事顺心。薪水、住房、上司和志向,总会有某个因素在影响你的情绪。因此,你应当为"受折磨"做好充分的心理准备。

如果说以上3点都已经做到了的话,你还要进行最为关键的一项——人生规划。在做规划时,你首先要明确自己的目标,其次要了解如何去实现目标,以及实现目标需要什么条件,然后制定清晰实际的计划,在实施

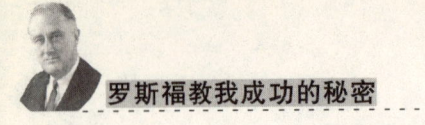

中一步步实现自己的理想。

现代社会,规划决定命运,计划带来机遇。人的一生非常短暂,越早规划你的人生,你就能越早成功。要想如期实现自己的美好理想,得从认识自己开始,做好自己的长短期规划。

培养习惯

习惯需要长时间的养成,并且是很难改变的行为或倾向。习惯可以通过长时间接触去有意识地培养,有好习惯和坏习惯之分。例如定期锻炼、勤俭节约、保持微笑等,都是好习惯;遇事总往坏处想、自卑、懒惰等,都是坏习惯。无论什么样的习惯,都会在无形中影响着你的生活,决定着你的人生。

动物用条件反射的方式活着,而人则靠习惯生活。一个成功的人知道如何培养好的习惯来代替坏习惯。当好的习惯积累多了,机遇出现的几率也就大了。

试想,一个爱睡懒觉、生活懒散又毫无规律的人,怎么能勤奋工作?一个不爱读书、不关心身外事的人,怎么能博古通今?一个自以为是、目中无人的人,如何去与别人合作和沟通?一个不爱独立思考、人云亦云的人,能有多大的智慧和判断力?

所以在等待机遇时,我们要培养以下好习惯:

①充分利用业余时间;

②每天自我反省一次;

③每天坚持一次运动;

④想到就做,不要等明天;

⑤随时用零碎的时间来学习;

⑥遇到挫折时,对自己大声说——"太棒了";

⑦让自己的人生字典中没有"不可能"三个字;

⑧不用指责的口吻跟别人说话;

⑨凡事预先作计划,尽量将目标视觉化;

⑩让自己的遇事第一反应是找方法,而不是找借口;

⑪每天有意识地、真诚地赞美别人三次以上;

⑫不管在什么方面每天都必须进步一点点。

2. 暗杀事件——冷静的心态是成功的必要因素

1939年2月15日傍晚,"罗马哈"号停靠在迈阿密,罗斯福下船后匆忙地赶到了海滨公园。按照计划他要在那儿为每年一度的美国退伍军人协会野营做演讲。罗斯福站在他敞篷车的后座上做了简短的演讲。讲话结束后,他坐回到后座上,与一直站在一旁的芝加哥市长安东·瑟马克亲切交谈。

突然,在离罗斯福座驾不到40英尺的地方连续响起5次枪声。罗斯福近旁的一位财政部特勤处特工手部中弹,鲜血直流,瑟马克市长也蜷缩着倒在了地上,站在罗斯福身后的一名妇女腹部连中两弹,还有两位听众也受了伤。罗斯福镇定地坐在车里,紧咬着下颚,做好了应对一切的准备。

暗杀事件发生后,罗斯福一直留在杰克逊纪念医院等待伤者的消息。瑟马克被推出急救室后,罗斯福和他讲了几分钟话,然后又探望了其他的伤者。上午11点15分,罗斯福离开医院回到了"罗马哈"号。他并没有流露出任何气馁的情绪,还是一如既往的随和、自信、泰然自若,至少表面上看来十分冷静。

罗斯福所表现出来的勇气和冷静,对于正经历前所未有的高失业率、饥饿、物质匮乏的国家以及濒临崩溃的银行金融系统来说,是一剂强心针。

古今中外,凡是成功之人,定有遇事不慌、沉着冷静的特点,因为只有这样,他们才能正确地判断局势,应变局势,取得成就。因此,冷静的心态往往是成功的必要因素。

一般来说,人们只要不处在愤怒或极度疯狂之下,都能够保持冷静自制,并做出正确的判断和决定。如果,一个人在什么情况下头脑都处于冷静的状态,即便在大难临头时,他也能逢凶化吉、转危为安。

一位美国老驾驶员,在第二次世界大战时,是F6型飞机的飞行员。一天,他们接到战斗命令,从航空母舰上起飞后,来到东京湾。他按要求把飞机升到距离海面300英尺的高度做俯冲轰炸。300英尺在今天可能不算什么,但在当时,是个很高的高度。

正当他以极快的速度下降并开始做水平飞行时,飞机左翼突然被击中,整架飞机翻了过来。人在飞机中,是很容易失去平衡感的,尤其在天和海都是蓝色的环境中。

飞机中弹后,他需要马上判断自己的位置,以便决定他应该向上还是向下操纵他的飞机。在飞机中弹的最初一瞬,他什么也没有做,没有去碰驾驶舱里的任何控制开关,而是强迫自己冷静思考,绝不能激动。

之后他发现蓝色的海面在他的头顶上,他知道了自己的确切位置,知道了自己的飞机是翻转的。这时,他迅速推动操纵杆,把位置调整过来。

在那一瞬间,如果他冲动地依靠自己的本能,一定会把大海当作蓝天,一头撞进海里葬身鱼腹。这位老飞行员在回忆时,语重心长地感慨道:"是我的冷静挽救了我的性命。"

生活在人际关系中,人们难免会遇到不如意的事情,对此最积极的办法就是找一个没有人的地方,进行自我心理调节,冷静地想一下,然后以全新的姿态投入下一件想要做的事情中。

一个木匠在工作的时候,不小心把手表掉落在满是木屑的地上,他一面大声抱怨自己倒霉,一面拨动地上的木屑,想找到自己心爱的手表。

许多伙伴也提了灯,与他一起寻找。可是找了半天,仍然一无所获。等这些人去吃饭的时候,木匠的孩子悄悄地走进屋子里,没一会儿工夫,就把手表给找到了!木匠既高兴又惊奇地问孩子:"你怎么找到的?"

孩子回答说:"我只是静静地坐在地上,一会儿,我听到'滴答、滴答'的声音,就知道手表在哪里了。"

在这个世界上,有许多人在狂躁地追逐目标时,让烦乱的心绪扰乱了自己的心灵。你要想办法让自己安静下来,倾听内心的声音,在静谧和安详的氛围里,获得灵性的指引和无穷的力量,那么你将会有意想不到的收获。

对于保持冷静,我给予你以下建议:

①不要宣讲领导与同事之间的过节;

②相信每一个人都希望事情会更好;

③不去强化自己或别人的缺点;

④在生活中不要随便显露你的情绪;

⑤不要逢人便诉说你的困难与遭遇;

⑥不要一有机会就唠叨你的不满;

⑦永远不要去写伤感日记;

⑧说话不要慌乱,走路要稳;

⑨做任何事情都要有条不紊;

⑩用心做任何事情,因为有人在关注你;

⑾不要用缺乏自信的词句;

⑿不要经常反悔,不要轻易推翻已经决定的事;

⒀每天做一件实事;

⒁事情不顺时,深呼吸,重新寻找突破口;

⒂不要刻意地把朋友变成对手;

⒃对别人的小过失、小错误不要斤斤计较;

⒄不要有权力的傲慢及知识的偏见;

⒅做不到的事情不要说,说了就要努力做到;

⒆不玩弄小聪明,否则你会向错误迈进。

他的行动

——"除了实干，我从未有任何捷径"

罗斯福一直是个行动派，想到了就会大胆地去做。即使结果可能没有预想的好，甚至会是失败，但一次次地积极行动，为罗斯福积攒了许多经验，让他得到了更多磨练。

1. "必须行动起来"——实干才是实现理想的关键

"空想是没用的，实干才是实现理想的关键。"创业干事是一个人的人生态度，实现理想必须靠自己的拼搏与努力，而努力的过程中，没有任何捷径。守株待兔只能侥幸一时，怨天尤人只会"小人长戚戚"，随波逐流只能人云亦云，急功近利只会把做事变成做秀，让你"竹篮打水一场空"。

如果罗斯福在哈佛的时候，没有积极争取，没有通过自己的报道引起他人的关注，可能会一直默默无闻下去。

如果罗斯福在做助理海军部长的时候没有大胆表明自己的态度，积极建议海军改革，斥责官僚主义，初露政治锋芒，又怎会有机会与实业界巨头建立良好关系？

若不是罗斯福在美国经济大萧条、人心涣散的时候积极推进新政，提高就业率，加强海军实力，又怎能让美国日渐强大？

有了梦想才有动力，而追求梦想的开放人生，要求我们必须敢于行动，及时行动，善于行动。

其实，成功并不难，成功者与失败者的区别在于行动力的强弱。我们

只有管理好自己的行动力,迅速有效地执行,才能让行动力转化为胜利的果实。

单纯就提高行动力本身而言,要做好以下几个关键步骤:

(1)充分准备

亨利·福特有一句名言:"做好准备,是成功的首要秘诀。"充分准备,对于任何行动来说无疑是必须的。只有大弓拉满月,才能射出势大力沉之箭。机遇只垂青有准备的人,只有对行动目标做好充分准备的人,才能在关键时刻崭露头角。

一般而言,我们在行动之前需要做这些准备:

A.思想准备。做任何事情,如果有了思想上的准备,就等于有了一个好的开始。

B.信息准备。古人云"知己知彼,百战不殆"。应对复杂环境和问题时,我们需要对环境和问题有一个基本的掌握和了解。

C.能力准备。要使自己始终立于不败之地,就必须具备相当的专业知识和技能,宽广的视野和掌控局面的综合能力。

D.人脉准备。一个篱笆三个桩,一个好汉三个帮。很多时候,单枪匹马很难成事。

(2)持续专注

歌德曾有句名言:"一个人不能同时骑两匹马,必须骑上这匹,就要丢掉那匹。聪明人会把分散精力的要求置之度外,只专心致志地去学一门——学一门就要把它学好。"

"持续专注",就是把行动力贯彻在主要目标和主要行动上,这包括两个方面:

第一,对于主要的目标专心致志,敢于在困境中坚持,善于在顺境中专注;

第二,对于次要的、不必要的行动目标和事务,果断地放弃。

(3)学会放弃

一天只有24小时。一个人能同时把握的事情实在太有限,所以在具体

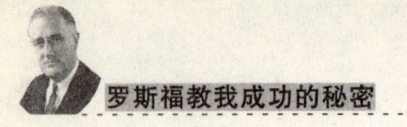

行动中,成功者从不三心二意,善于分清主次急缓,能够持续专注于最重要的目标、最有效能的事务。

谷歌(中国)总裁李开复说:"我学到的一个很大教训是,当一个公司开始不能专注主业,太贪心地扩张很多业务的时候,反而把它宝贵的东西稀释了,也就是经理人的注意力。也许CEO都很能干,但他每天要把60%、70%的精力都花费在理解那些自己不熟悉的新业务上的时候,反而会把他的主业给荒废了。"

(4)注意细节

西方国家有一句俗语:"魔鬼藏在细节之中。"现代人在智商、知识、能力等各方面的差距愈来愈小,因此,人与人之间的竞争走向了细节化。这就跟品牌差异化竞争一样,产品在质量和性能上的差异越来越小,所以产品的价值就只能体现在细节的周到和创意上。

做人也一样,人并不需要多么壮烈的事迹才能体现出美好的品德,一些细节,譬如不乱丢垃圾、讲文明礼貌等就能体现你的公德心。人的品德往往是从一些很小的事情上体现的。

(5)坚持最后五分钟

胜利就是每次都要"坚持住最后五分钟",行百里者半九十。在选好目标和行动方向之后,剩下的就只有坚定不移地向目标前进。如古代哲学家荀况所说:"骐骥一跃,不能十步;驽马十驾,功在不舍;锲而舍之,朽木不折;锲而不舍,金石可镂。"黎明前的那一刻,往往是最黑暗最阴冷的时刻,这个世界上有很多人的失败,在于没有坚持"最后五分钟",在胜利马上就要到来之际,做了逃兵。

2. "必须立刻行动起来"——成功属于不找借口的人

罗斯福因患小儿麻痹症而下身瘫痪,是最有资格找借口的。可是他从来不找任何借口,而是以信心、勇气和顽强的意志向一切困难挑战,最后

他冲破了美国传统束缚,连任四届美国总统。

罗斯福总统在1912年的时候,曾在新泽西州的一个小镇集会上,向文化水平相对较低的当地人发表了一篇演讲。当他说到女子也应踊跃参加选举时,听众中忽然有人大声喊道:"先生!这句话和你五年前的意见不是大相径庭吗?"罗斯福没有回避或者掩饰,而是聪明地回答道:"可不是吗?五年前,我确实另有一种主张的,现在我已深悟我那时的主张是不对的!"

他这种坦白不掩饰的回答,让那位问话的人得到了满意的答复。面对质问,罗斯福并没有找借口。因为他知道,一个把找借口当成习惯的人,不可能获得他人的信任,也不可能获得他人的支持。

失败者大都喜欢找借口,成功者大都拒绝找借口,他们会向一切可以作为借口的原因或困难挑战。

借口是比海洛因还让人上瘾的东西,这种东西刚用时能起到镇静安神之功效,让人产生美好的幻觉。然而用久了,就有腐蚀神经和肌体的副作用,从而摧垮一个人的精神和意志。告别借口吧,请你为自己的职业认真地赢得未来!

在美国四点军校,有一个广为传诵的悠久传统:学员遇到军官问话时,只能有四种回答"报告长官,是";"报告长官,不是";"报告长官,不知道";"报告长官,没有任何借口",除此以外,不能多说一个字。

"没有任何借口"是美国西点军校建校以来奉行的最重要的行为准则。

1861年,美国内战开始时,美国总统林肯还没有为联邦军队找到一名合适的指挥官。

林肯先后任用了四名总指挥官,但他们没有一个人能"100%执行总统的命令"——向敌人进攻,打败它们。

最后,任务被格兰特完成。

当格兰特将军赢得了战争的胜利、翻开了美国历史的新一页后,很多人开始寻找格兰特致胜的原因。后来,格兰特将军做了美国总统,到西点军校视察时,一名学生问:"总统先生,请问是西点的什么精神使您勇往直

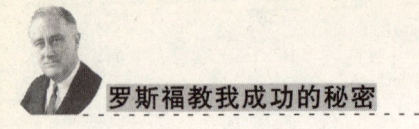

前？"

"没有任何借口。"格兰特回答。

"如果您在战争中打了败仗，必须为自己的失败找一个借口时，您会怎么做？"

"我唯一的借口就是没有任何借口。"

从一名西点军校的毕业生，到一名总统，格兰特升迁的速度几乎是直线的，这体现了在战争中，那些能完成任务的人最终会被发现、被任命、被委以重任，因为战场是检验一个士兵、一个将军到底能不能完成任务的最佳场所。

"执行任务，然后完成"，是千百年来每个士兵乃至将军最基本的职责。军人的天命就是无条件地去执行上级的命令，并全力以赴地完成，即使牺牲自己的生命也在所不惜。而这些最基本的品质却日渐在我们的社会上消失，一个人一旦拥有了这种品质就会被人们称为"优秀"或者"卓越"的，殊不知，在真正的勇士看来，这只是成为勇士的一个基本条件。

格兰特在西点军校学习时，新来的学员无论地位多尊贵，一律被称作"新兵蛋子"。他们领到军服后要在"野兽营"待3个星期，学习如何敬礼，如何操练，如何整理内务。3周后他们会领到帐篷，然后行军到夏季营地。他们在那儿支起帐篷，每两个人住一顶，睡在木地板上。每天早晨5点30分，鼓笛乐队吹打着集合号鼓穿过营地，新的一天就此开始。之后新兵们要整队去吃早餐，整队返回，然后换上白短夹克、白裤子和白头盔，准备参加卫兵换班仪式。通过这种训练，学员形成了职业军人特有的纪律观念、责任观念和荣誉观念、自我牺牲精神、集体主义精神。为了达到上述目标，军校制定了名目繁多的规章制度，吃喝拉撒睡，事无巨细，面面俱到，使学员们整天忙于紧张而艰苦的学习和训练，无暇他顾。

最初的几个星期，格兰特和其他学员觉得自己简直成了一台台机器，一切都在教官和校规的控制下行动，连思考的时间都没有。许多同学忍不

住了，牢骚满腹，而格兰特却不找任何借口地服从命令，不折不扣地执行命令，他知道自己该走怎样的道路。

格兰特把这种磨炼视为一种锻炼。在艰苦的军校生活面前，他经常鼓励自己：艰苦是成功与胜利的关键。

在格兰特将军看来，有两种人老是为自己找借口。第一种人从一开始就找借口为自己开脱，根本"不想去做"。在日常生活和工作中，我们经常会听到各种各样的借口："那个客人我对付不了"；"我现在下班了，明天再说吧"；"我明天有事情，完不成这个工作"；"我很忙，现在没空"；"这件事不能怪我，不适合我来干"等等，让人无可奈何。在现代公司里，缺少的正是那种想尽办法去完成任务，而不是时时刻刻寻找借口的员工。

第二种人一开始也努力去做，或者看似努力，但实际上根本没有全力以赴。

"我已经尽了全力了，最后没做好不能怪我一个人。"

"对手太强大了，我和他们进行了很长时间的竞争。"

"我已经做了份外的事，难道还让我为我不该做的事负责？"

"是乔治先生出了差错，不是我不行！"

……

这一类人会去做事，但又没有做到底，所以他们常寻找合理的借口为自己的半途而废辩解。

格兰特将军那句有名的回答，精确地阐述了"没有任何借口"的更深层含义。格兰特的"没有任何借口"，就是不找任何理由、不设定任何条件，一开始就全力以赴地去做事。在尽全力依旧完成不了目标的时候，也不找任何借口，直到把任务完成。"没有任何借口"最终的结果只有一个：执行任务，然后完成。凡是没有完成任务的人，都是为自己找借口的人。

在战争中，"没有任何借口"是一条铁血法则。因为战争的结果只有两个：要么消灭敌人、要么被敌人消灭。那些一开始就找借口的士兵，肯定会被敌人消灭；那些去努力，最后没有完成任务的士兵，也将被敌人消灭。因为敌人不管你努力了与否、不管你找到什么借口。

工作和生活也是一样，成功者永远是"没有任何借口"的。

要做到这一点似乎不容易，我们先来看一个故事。

一天，某酒店的中餐厅来了一位日本客人，他看着墙上的菜品照片，一个劲儿摇头。接着他又看了看菜单，还是摇头。

一位新来的服务员看到这个情形，便主动询问他有什么需要。客人用日语跟服务员解释情况，还递过来一张地图和一支笔。

可服务员不懂日语，完全不明白他在说什么。

客人急中生智，将双手放在两侧向上举，还转了几圈。

服务员恍然大悟："噢，你要去飞机场啊！"说完就拿过地图和笔，在上边画出了路线。

客人看到服务员那么自信地画出路线，非常高兴，立即拿着地图，出门拦了一辆出租车。

根据这位日本客人指的路线，司机驾驶出租车飞快地往机场行驶。

到达机场之后，客人惊呆了，这不是自己刚下飞机的地方吗？怎么忙乎半天又回来了？

原来，服务员误解了客人的意思，客人表达的是烤鸭，可服务员理解的是飞机场。

怒火中烧的客人，再次返回酒店讨说法。弄清事情原委之后，酒店经理立即向这位日本客人道歉，让另一名员工带客人去吃烤鸭，并对那位服务员进行了严厉的批评和处罚。

服务员觉得自己很无辜，虽然做了检讨，但抵触情绪很大。经理便让一位老员工给她做工作。

老服务员开导她说："经理批评和处罚你，不是怪你主动为客人服务，而是这次你犯了不该犯的常识性错误。客人如果要询问机场的路线，为什么不去前台询问呢？来到餐厅一般是点餐，你要考虑到他的手势应该与吃东西有关。服务工作的基本素质就是细心和灵活，你不会联系实际工作，

出错是自然的了。"

年轻的服务员一听，心气稍平，可还是有些不服："他说话我听不懂，再说他表现的样子看着就是飞机嘛。如果他学鸭子嘎嘎地叫几声，或者像鸭子那样走几步，我就不会搞错了！这不能全怪我吧？"

"这样想不对。我们的服务就是应该百分之百为客人着想，出了问题我们只能从自身找原因，责怪客人只是在找借口而已！"

"可我刚参加工作不久啊，我拿不准……"

"这很简单，拿不准就问别人！虽然你主动精神可嘉，但让客人白跑一趟机场，当然应该承担责任！你要总结教训，不要再找任何借口了！否则还会犯同样的错误！"

经过这些分析，这位服务员才真正意识到自己的错误。之后她不断向其他优秀的服务员学习，并自学一些基本的英语、日语，受到了许多客人的称赞。

从这个年轻服务员的身上，你是否看到当今职场上的普遍现象，甚至还看到自己的影子？

所有工作都有共同的基本素质要求，任何工作者都应该做到，没有任何借口去违反或打折扣！

我们再来看一个工作中最普遍的现象——上班迟到吧！

任何单位、任何领导最不喜欢员工做的事情之一就是迟到，但总有人会找出许多看似合理的借口："堵车了"、"表慢了"、"突然有点事情耽搁了"……找借口的人理直气壮，受到批评后，还为没有得到"公平"的待遇而忿忿不平，真是一个让人深思的现象。

让我们再来看一个故事。

一位秘书连续两天迟到，如果加上前一个星期的迟到时间，已经超过3小时，相当于半个工作日。

面对这种情况，主管严肃地对秘书说："明天该来早点了。"

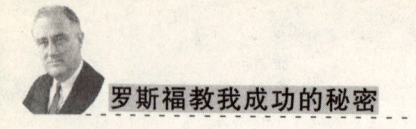
没想到她回答说："我也想早来啊,但是堵车,我能飞过来啊?"

第二天,秘书又迟到了。得知主管公开对她表示不满后,秘书马上在MSN上质问主管："你为什么总抓住我迟到的问题不放?双井桥每天都堵车,我想你也知道!"

这一次,主管不愿意再与她理论了,直接把此段聊天记录转发给领导,并表态说："你已经不再属于这个团队,如果再迟到不改,你将永远不属于任何团队!"

根据主管介绍,该秘书还是一个从苏格兰留学回来的硕士。主管说,自己是一个大学本科毕业生,虽然没学到比她高深的知识,但是可以告诉她,为什么上班不能迟到:

A.准时上班是态度问题,遵守制度是一个员工的基本素质。

B.办公室秘书负责办公室的基本运作,作为一名行政人员,不仅要正点上班,理论上还应该早到15分钟。

C.准时上班是对其他同事的尊重。其他人遵守这一规定,单独一个人的频繁迟到是非常不礼貌的行为。

D.对得起自己的薪水,对得起自己的老板,对得起自己的良心。

之所以引用这个故事,除了让大家对不迟到的理由有较全面的认识外,起码还有最关键的一点——遵守职业准则,是人人都需要具备的基本素养!在这一点上,任何人都没有任何借口!

在工作中,不能仅仅满足于拥有基本素质,还必须以一流的工作标准要求自己,没有任何借口!

海尔正是这样一个团队。

一天,海尔客服部收到一封来信,写道："什么最好的产品啊?!热水器的水忽冷忽热,你们太不负责了!"这让客服部的人员感到很不平。因为前两天,他们已经接到这个客户的电话,并派人去客户家里对热水器进行了检查,结果是客户的水压有问题,和产品并没有任何关系。

在业务汇报会议上，负责人把这一情况反映给了总裁杨绵绵，言语间透露出对客户无理抱怨的不满。他们本以为老总会理解和支持他们，没想到杨绵绵却只是非常严肃地说了一句话：

"是让客户适应我们的产品，还是让我们的产品满足客户的需求？"

事情并没有到此为止，针对客户反映的情况，杨绵绵要求开发部按照客户的需求开发新的产品。

不久，海尔就推出了加磁化恒温装置的电热水器，既解决了水压问题，也解决了水垢问题。杨绵绵派人把新产品送到客户家，这让客户感动不已。

换了其他人面对客户这样的抱怨，可能也会愤愤不平：明明不是我们产品的问题，凭什么指责我们？或者干脆置之不理。

但为什么杨绵绵却要把客户的抱怨当成改进工作的标准呢？因为她知道，作为一家要生产"最好产品"的企业，就必须最终满足客户的一切要求。而且，客户抱怨的地方，往往有最大的提升价值，恰恰是超越竞争对手的最好机会。

事实上，海尔的很多新产品，就是在客户的督促下推出来的。客户觉得哪里不方便，就让产品变得让客户方便；客户觉得什么地方不能满足需求，就让产品变得能够满足客户的需求；客户觉得哪里不放心，就让产品变得让客户放心。

在客户抱怨的地方做最好的改进和提升，这也是海尔为什么能够超越同行的重要原因。

在总裁杨绵绵的理念影响下，海尔员工在解决客户问题上更是倾尽全力，没有任何借口。有员工在检修产品时检查出高压不稳，本来不是海尔电器的问题，但为了防止短路影响到整个居民楼的用电情况，海尔无偿地给客户更换电线、插座、开关，最终帮助客户安全用电。

消费者会选择拥有一流标准要求的公司的产品，同样，单位会选择以一流标准要求自己的员工。

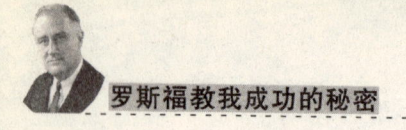
拥有一流标准的单位和个人,才会具备一流的职业素养,才会消灭借口滋生的土壤。

法国作家罗曼·罗兰曾说过:"没有伟大的品格,就没有伟大的人,甚至也没有伟大的艺术家,伟大的行动者。"

工作不只是做事,更是做人。

如果我们学习罗斯福的献身精神,学习他和众多成功者,将做事的境界提升到人品的高度,那么我们会更自觉地"没有任何借口"!

TIPS:不找借口的小窍门

(1)对自己要有真实的认识。你我是人不是神,是人就有这样那样的缺陷,就会犯错,人非圣贤孰能无过。你要学会接纳自己,因为人无完人,你的不足与缺陷也许正是别人所羡慕的。

(2)别将自己捧得太高。你不要做"人上人",因为那是孤家寡人,众矢之的;也不要做"人下人",而要做"人中人"。给自己的定位不要太高,不要去攀比,因为人比人气死人,有的人生下来就是王子,有的人生下来就是乞丐的儿子。只要你不断努力,还是有改变命运的可能。记住命运好不是靠说谎,而是靠努力得来的,说谎只能使人生更糟!

(3)尝试将一些要说出的小谎言变成真话。其实说真话的感觉很好!它会让你没有负罪感,让你无需为一个谎言不断地圆谎。

(4)将"平凡做人,踏实做事"作为座右铭。

延伸阅读:如何培养行动力

培养积极的心态,可以使我们的生活按照自己的想法延续,没有积极心态就无法成就大事。记住:我们的心态是我们唯一能完全掌握的东西。

我们应该练习控制心态,并且力求拥有积极的心态。下面这些方法值得我们借鉴。

(1)切断和过去失败经验有关的所有关系,将我们脑海中的那些与积极心态背道而驰的所有不良因素清除干净。

(2)找出我们一生中最希望得到的东西,并立即着手去得到它。

(3)确定我们需要的资源之后,便制定得到这些资源的计划。所定的计划必须不要太满,也不要不足,别认为自己要求得太少,记住,贪婪是失败的最主要因素。

(4)培养每天说或做一些使他人感到舒服的话或事,我们可以利用电话、明信片,或一些简单的善意动作达到此目的。例如给他人一本励志的书,可为他带来一些可使他生命充满奇迹的东西。日行一善,可让你永远保持无忧无虑的心情。

(5)我们要了解:打倒我们的不是挫折,而是我们面对挫折时所持的心态。训练自己,让自己在每一次不如意的处境中都能发现与挫折等值的积极因素。

(6)务必使自己养成精益求精的习惯,并以我们的爱心和热情发扬这个习惯。如果能使这种习惯变成一种嗜好,那是最好不过的了。如果不能的话,至少我们应该记住:懒散的心态,很快会变成消极的心态。

(7)当我们找不到解决问题的答案时,不妨帮助他人解决问题,并从中寻找我们所需要的答案。在我们帮助别人解决问题的同时,我们也正在洞察解决自己问题的方法。

(8)彻底"盘点"一次我们的财产,我们会发现自己所拥有的最有价值的财产就是健全的思想,有了它我们就可以决定自己的命运。

(9)和我们曾经以不合理态度冒犯过的人联络,并向他致上最诚挚的歉意。这项任务愈困难,我们就愈能在完成道歉时,摆脱掉内心的消极心态。

(10)我们在这个世界上到底占有多少空间,与我们为他人利益所提供服务的质量以及提供服务时产生的心态成正比。

(11)改掉我们的坏习惯,连续一个月每天减少一项恶习,并在一周结束时检验一下成果。如果我们需要顾问或帮助时,可以大胆地说出来,切勿因为自尊心使自己却步。

(12)要知道自怜是独立精神的毁灭者,请相信,自己才是唯一可以随时依靠的人。

(13)把我们一生中所发生的所有事件都看做是为激励我们上进而发生的,即使是最悲伤的经历,也会为我们带来良多的财产。

(14)放弃想要控制别人的念头,在这个念头摧毁我们之前先摧毁它,并把自己的精力转为控制自己。

(15)把我们的全部思想用来做我们想做的事,不要留半点思维空间给那些胡思乱想。

(16)向每天的生活索取合理的回报,而不要等着回报跑到我们手中。我们会因为得到许多我们所希望的东西而感到惊讶——虽然我们可能一直都没有察觉到。

(17)以适合我们生理和心理的方式生活,别浪费时间,以免落于他人之后。

(18)除非有人愿意以足够的证据证明他的建议具有一定的可靠性,否则别接受任何人的建议,我们将会因谨慎而避免被误导,或被当成傻瓜。

(19)一定要了解人的力量并非全部来自物质。

(20)使自己多多活动以保持健康状态,生理上的疾病很容易造成心理的失调。让我们的身体和思想保持活动,可以维持自己积极的行动。

(21)增加自己的耐性,并以开阔的心胸包容所有事物。我们应与不同种族和不同信仰的人多接触,不要一味地要求他人照着自己的意思行事。

(22)我们应承认,爱是生理和心理疾病的最佳药物,爱会改变并调适我们体内的化学元素,有助于我们表现出积极的心态,爱也会扩展我们的包容力。接受爱的最好方法就是付出自己的爱。

(23)以相同或更多的价值回报给我们好处的人。"报酬增加律"会给我们带来好处,而且可能会为我们带来所有我们应得到的东西。

(24)记住,当我们付出之后,必然会得到等价或价值更高的东西。抱着这种念头,可驱除我们对年老的恐惧。

(25)我们要相信,自己可以为所有的问题找到适当的解决方法,但也要注意:我们所找到的解决方法未必都是我们想要的。

(26)参考别人的例子提醒自己,任何不利情况都是可以克服的。爱迪生虽然只接受过3个月的正规教育,但却是最伟大的发明家;海伦·凯勒虽然失去了视觉、听觉和说话能力,却鼓舞了无数人。明确目标的力量必然胜过任何限制。

(27)对于善意的批评我们应采取接受的态度,而不应产生消极的反应。我们应利用这种机会做一番反省,并找出要改善的地方。

(28)和其他献身于成功原则的人组成智囊团,讨论工作的进程,并从更宽广的经验中获取好处,以积极面作为基础进行讨论。

(29)搞清楚愿望、希望、欲望以及强烈欲望与达到目标之间的差别。只有强烈的欲望会给我们驱动力,而只有积极心态才能供给产生驱动力所需的燃料。

(30)避免任何具有负面意义的说话方式,尤其应根除吹毛求疵、闲言碎语或中伤他人名誉的行为。这些行为会使我们的思想朝消极面发展。

(31)锻炼我们的思想,使它能够引导我们的命运朝着我们所希望的方向发展,把握住"报酬"信封里的每一项利益,并将它们据为己有。

(32)随时随地地表现出真实的自己,没有人会相信骗子。

(33)相信无穷智慧的存在,它会使我们产生为掌握思想和引导思想而奋斗的所有力量。

第四章

他的用人

——"一位最佳领导者,是一位知人善任者"

　　罗斯福先后向许多知名人士请教,耐心听取他们的建议,同时将一批聪明能干、富有政治责任心的青年才俊招进政府,委以重任;之后,大胆改组领导团体,裁汰冗员及不负责任的官吏,组建了一支行动果断、办事高效的新型领导团队。在这些人的协助下,罗斯福废除旧制,改革弊政,不久就把政务管理得井井有条。

炉边谈话
——有效沟通，提高战斗力

作为政治领袖，及时有效地与众多追随者沟通，是提高影响力的关键环节之一。罗斯福在任期间处于美国历史上最具挑战性的时刻，全国至少有1300万人失业，3400万人没有任何收入，全国金融心脏停止跳动，证券交易所正式关闭，银行成批倒闭，全国银行库存黄金不到60亿元，却要应付410亿元的存款，银行门前人山人海，挤兑风潮遍及全国。是时，罗斯福使用无线电广播，与民众沟通应对大萧条危机所必须采取的施政纲要，这就是著名的"炉边谈话"。

罗斯福总统的嗓音磁性浑厚，充满亲和力；他还有意放慢语速，以保证听众不错过任何一句话，普通播音员一分钟要讲150个单词以上，而他只讲100个单词；他从不使用生僻的词汇，有人统计，他讲话中用到的词语，绝大多数都能在最常用的1000个英文单词中找到，因此各个社会阶层的人都能听懂。罗斯福在其12年总统任期内，共做了30次"炉边谈话"，每当美国面临重大事件之时，总统都用这种方式与美国人民沟通。

"炉边谈话"是罗斯福首倡的领袖与民众沟通的途径，它以"家常式"的广播谈话方式，向各界民众分析局势、解释政策、提出吁请，沟通了人心，提振了信心，凝聚了力量，战胜了危机。罗斯福的"炉边谈话"已经成为领袖与民众沟通的经典方式。

有效沟通，让全民准确了解总统想要传递的信息，是最强的战斗力。

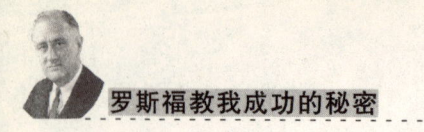
1. 跟罗斯福学沟通：打破禁锢的墙

悲观主义者说："这个世界有无数的墙。"乐观主义者说："这个世界有无数的门。"这个世界是由无数隔膜的墙和沟通的门组成。有了沟通，我们便能打破那一道道隔膜的墙，看到一片海阔天空。

不管是对个人、对企业，还是对国家，沟通都是如此重要，我们都不能忽视它的力量。

这世上没有无坚不摧的墙，一切都看你是否能找到沟通的门。而罗斯福成功地找到了这扇沟通之门。

见过罗斯福的人，没有不对他广博的见闻佩服得五体投地的。一位拜访过他的人曾说过："无论来访的是牛仔、勇敢的骑兵随员，还是政治家、外交官，罗斯福都能找到适合对方身份的话题，让彼此的谈话十分愉快。"

为什么罗斯福能做到和每个初次见面的人相谈甚欢？原因很简单，罗斯福在接见来访者之前，会查阅当事人的资料，看看来者是达官政要还是贩夫走卒，并找到双方的共同话题。

所以，在会谈之前，你要尽量多地搜集关于对方的资料。这样在发问时，对方会因为你对他有所了解，对你产生好感，从而乐于与你谈话。

简单说来，"人格"是我们从他人之处所取得的效率之和。如果我们擅长推销自己的人格，使别人喜欢我们的为人和计划，就可以认定自己是一个具有良好"人格"的人了。

某些朋友和我们仅仅是偶尔相遇，或是一面之交，却能引起我们的注意，让我们感到高兴和愉快，这是为什么？他们是如何和我们成为朋友的？

这种好感带给人们的是一种不可言喻的美感，像甘霖洒落大地，如芳香之于花朵。我们每个人都可以培养自己高尚的人格，让它存之心灵，深藏在我们每个人所持有的不可言喻的美感之中。

人格到底是什么？它或许是我们所看到的善意的目光、和蔼的微笑、

谦和的表情、友好的动作……如果我们将这些因素组合起来,也许可以得出一个简单的结论,那就是:这样可以博得他人的好感,使他人感到愉悦。若我们在不知不觉之中,向这种状态靠拢,就能提升自我的形象。

所以那些能够很快引起我们的好感的人,身上大都有着美好的人格,这些人格散发出一种吸引力,我们熟知的罗斯福总统就是具有这种吸引力的人。

罗斯福总统不仅对自己身边的人非常关心,对白宫所有的人也都非常热情。塔夫托总统在任职时,有一天罗斯福来访白宫,恰巧总统和夫人外出不在,他对待下人的诚挚便真实地流露了出来。他和他们打招呼,连在厨房里洗碗盘的女仆也不例外。当他看到在厨房里工作的女仆爱丽丝时,他问她是不是还在烘玉米面包,爱丽丝说,有时做一些给仆人吃,但楼上人(指总统一家)并不吃。

"他们真不懂得品味,"罗斯福大声说道,"我见到总统的时候一定这么告诉他。"爱丽丝用盘子装了一些玉米面包给他。他拿了玉米面包边吃边向办公室走去,并且同路上的园丁、工人打招呼。"他和每一个人寒暄聊天,就像以前一样。"

在白宫当了40年仆役的艾克·胡佛含着眼泪说道:"这是我两年来唯一感到快乐的日子,但谁也不会用这一天和一张百元大钞交换。"

有一个叫阿摩斯的仆人为罗斯福写了一本书,对罗斯福做了生动的描述:"我太太有次向总统先生问起什么是鹑鸟,因为她从没有见过,总统先生很详尽地描述了一番。没过多久,我们农舍(罗斯福的产业)里的电话铃响了,我太太跑去接,原来是总统先生亲自打来的,他在电话中说道,如果我太太从窗户向外看的话,也许可以看到有只鹑鸟正在窗外。

"这一类的小事情显示出总统先生的优秀品质。他无论什么时候从农舍经过,一定会过来找我们。有时他见不到我们,便会喊我们的名字,这是多么友善的招呼啊!"

要想获得好人缘,一个最重要的方法就是对他人真正充满兴趣。

有人对电话通话做过调查,看哪一个字是人们最常用的,结果是"我"这个字。这反映了人们往往更多地注重自己。

朋友身体不舒服,你可以时不时地过问一下;同学学习上有困难,你可以主动帮助他,给他讲解或者把自己的笔记和资料借给他用;朋友忧伤的时候,你不妨多陪陪他,逗他开心。这样你一定会有好人缘。

对每个人都充满兴趣似乎太难,但是我们在跟别人交往的时候,一定要真诚。只要对他人充满真诚和爱,就很容易做到对他人充满兴趣,这和其他人际关系原则相同。

首先,你真诚地对待他人,他人也会真诚地对待你。

如果我们用真诚对待身边的人,身边的人也会用真诚对待我们,那么我们将会赢得更多的东西。我们所接触的人,各种各样,有与自己合得来的,也有合不来的。虽然我们有权利选择和什么样的人来往,可以尽量不同与自己性格不和的人交往,但这绝不是一个英明的选择。因为在任何时候,我们都生活在一个集体之中,这就注定我们必须和这样那样的人相处,因此,我们只有积极主动地努力适应对方的性格特点,真诚地对待身边的每一个人,才能够建立良好的人际关系。

为了与自己性格合不来的人建立起良好的人际关系,多用心、多留神是非常有必要的。我们在掌握了人际关系常识的基础上,遇到任何事,都要试着改变自己的思维,改变自己的观点、看法,这些努力对彼此之间的关系好转有很大作用。

我们在真诚待人的原则下,要讲究一些语言的策略,才不会伤害到别人。

与人交流时,不要以为内心真诚便可以不拘言语,我们还要学会委婉、艺术地表达自己的想法,设身处地从别人的角度想问题。

社交中的真诚不等于直接简单、毫无保留地相互表白,而要我们本着善意和理性,把那些真正有益于对方的东西系上美丽的红丝带送给对方。

我们切不可从私利出发,颠倒黑白、混淆是非,否则只能够遭受别人

的唾弃。

真诚的核心和灵魂是利他,也就是与人为善。

如果对别人来说,"谎话"更适宜、容易被接受,又不会伤害到任何人的利益,我们不妨放弃对"完全诚实"的固执。但在任何时候,我们都绝不能够为了个人利益而放弃诚实,那些经常为私利表现得不诚实的人是不会获得成功的。

在生活中做一个真诚的人不容易,因为它来不得半点虚假和功利,需要实实在在地付出、奉献。一个处处为别人着想,绝不为个人利益放弃诚实的人,大家会真诚地接纳他,愿意和他交往。

其次,征求他人意见是赢得朋友的好方法。

生活中,最精明的人往往是那些能够经常征求别人意见的人。如果我们经常在一些紧要的事情上,甚至是一些无关紧要的事情上征求别人的意见、看法或者建议,那么对方会重视我们的这种"礼",会了解自己的重要性,会感激我们,从而主动地、积极地来配合我们的工作。

一位教师给他的一名学生做媒,让该学生与一个女孩子相亲,相亲的地点安排在一家大饭店的餐厅。当教师问他的学生"你要点什么"时,他的学生没有回答,而是问那位女孩:"小姐,你要点什么?"他的这一反应让教师放心了,教师觉得这次相亲一定会成功。果然没错,不到一年,相亲的两人就举行了婚礼。

以下建议,可以让你在具体的工作和生活中,能够及时、正确地征求别人的意见。

(1)任何事都先征求对方的意见

任何事都先征求对方的意见,可以使对方产生被关怀的感觉,给对方留下好印象。另外,征求对方的意见,还可以给人一种被赋予选择权的感觉,而选择权在现代的社会通常是达官显贵的特权,所以你事先征求对方意见的举动会让对方觉得非常的舒服。

(2)把别人放在心上

每个人都觉得自己很重要,或者说,每个人都希望别人认为自己很重要。如果对方感觉到他在你心目中很重要，一定会对你产生好感——没有人会讨厌一个喜欢自己、尊重自己的人。有些人自视甚高，觉得自己很重要，却忘了别人也需要这种感觉。他们在不经意间流露出对别人的轻视，于是受到了大家的疏远。只有使别人产生重要的感觉，你才会受到对方的欢迎。

(3)关心对方关心的事

人都关心自己的利益，自己的健康，自己的家人……你只要对对方的利益、健康、家人等表现出足够的关心，对方就会把你当成自己人。

(4)欣赏对方欣赏的事

如果对方欣赏自己的成就，自己的能力，自己的风度……你只要对对方的成就、能力、风度等表现出你真诚的欣赏，对方就一定会欣赏你，把你当成难得的知音。

(5)请教对方擅长的事

对于不懂的问题、不清楚的事情，你不妨向对方求教，如此既可增长见识，又能得到对方好感，何乐而不为？轻视一个人，就不会把他放在心上，不会关注他的一举一动。重视一个人，就会关心他的感受，关心他所处的状况。当对方感受到你的轻视或重视后，也以同样的态度对待你。当你想改善或巩固跟某个人的关系时，把他放在心上，无疑是一条捷径。

维也纳著名心理学家亚佛·亚德勒写过一本叫做《人生对你的意识》的书。在那本书中，他说："不对别人感兴趣的人，一生中的困难最多，对别人的伤害也最大。所有人类的失败，都出自于这种人。"

生活中很多很多的问题，都是因为一方不把另一方放在心上或者双方互相不把对方放在心上引起的，种种仇视和敌意也会因此而生，并带来数不清的麻烦。如果每个人都给别人多一份关注，多一份重视，这个世界将变得更加温馨和谐。

2. 真实地表达自己,同时采用正确的策略来影响他人

我们大都沉溺于保护层下,花费大量的时间去尽力掩盖真实的自己。如果我们展示出真实的一面可能会很恐慌。

当你不害怕的时候展示出自己真实的一面吧!展示真实自我的关键是培养一种强烈的自我意识,令自己充满魅力,然后把魅力展示给大家看。在做这些事的时候,你会发现有太多的机会摆在你的面前,欢迎着你。

有一次,罗斯福在一个宴会上,看到许多素不相识的人。由于身份和地位的差异,对他的态度很平淡。这时的罗斯福刚从国外回来,准备参加1912年的总统选举。

罗斯福见宴会上的这些陌生人并没有对他表示友好的意思,便对坐在自己身边的路斯·瓦特先生耳语说:"路斯·瓦特,请你把坐在我对面的所有宾客的大概情况告诉我。"于是,路斯·瓦特博士就把那些人的个性和特点都简略介绍了一番。

通过路斯·瓦特博士的讲解,罗斯福粗略地了解了那些素昧平生的人物,包括他们最得意的事是什么,都从事什么职业,喜欢些什么等等。

接下来,罗斯福对每个人准备好一番切实的谈话内容,尔后和这些陌生人进行了恰如其分的沟通。由此我们不难看出,罗斯福的"交际手腕"是多么高明,他不厌其烦地预先探知那些素不相识的人的概况,只是为了赢得他们的信服。

著名新闻记者马克逊曾说:"对于每一个前来谒见自己的人,罗斯福会事先探知他们的一切情形。罗斯福深知,大多数人都有一些自负,因此,向他们表示相当的赞赏、推崇,让他们感到自己对他们的一切都很清楚,并且将他们铭记在心,是取得对方好感的不二法门。"

在众多策略中,最简易的就是让对方感到我们对他们所感兴趣的、与他们切身相关的事物有足够的认识。那些伟大的领袖人物就经常使用这

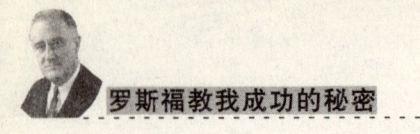
种既简单又重要的策略。

但是人与人之间都是有差异的，在使用这种策略时，我们要因人而异，针对不同的人，采取不同的策略。

曾有人将人类的生活范围，比喻为"人类的游乐场"，这真是一个有趣的比喻。那些杰出人物的过人之处在于，他们能把那些和自己素不相识的人变成自己的朋友、支持者。而那些新朋友大都是他们极积地让自己投身于"人类的游乐场"时所认识的。

卡莱在刚刚出任美国钢铁公司领导一职的时候，感到了前所未有的压力，因为他的同事们不但不支持他，还处处与他为难，这使得卡莱在工作上非常被动。卡莱觉得这种局面不能再持续下去，决定主动解决这个问题。他认为应该先找到自己不受欢迎的原因，再与同事们培养感情，然后得到他们的倾力合作，使公司的业务蒸蒸日上。卡莱到底是如何解决这个难题的呢？说起来其实并不复杂，卡莱在写给同事们的有关业务方面的信件中，经常穿插一些私人性的谈话内容。他会在每一封信中，写上一两行与收信人的喜好相关的事情、最盼望的事情，或问候他们的家人和朋友，或回忆和他们会谈时的情形。卡莱的策略大获成功，并让他在事业上取得了骄人的成绩。

其实，我们只需采取一些非常简单的方法，就能让对方感到我们对他的关心，而这种策略的效果，往往令人非常惊奇。

总而言之，我们要想获得他人的接纳和合作，必须事先了解对方的个人嗜好和习惯，牢记他们曾经作过的事情以及他们所推崇的人物，甚至包括他们缺少什么或需要什么等。

人们进行交流，大多是为了得到自己想要的东西：影响别人，使之改变举止，按自己所要的方式行事，达到自己的目的。但大多数人不知道该怎么做。没谈几句，要么双方厉声争吵，要么自己满腹怨恨，让自己的朋友、家人和同事产生抵触情绪。

在第二次世界大战期间，美国严格实行配给制度，每人每天只准喝一杯咖啡。

一天,罗斯福招待记者时说,他早上喝过一杯咖啡,晚上又喝了一杯。记者们听了马上质问:"我们每人每天只有一杯咖啡,你哪里来的两杯?"

面对记者的责难,罗斯福平静地回答:"我确实是早晚各饮一杯咖啡,不过晚上我是把早晨煮过的咖啡渣再煮一次。"从此,人们把煮过再煮的咖啡叫做"罗斯福咖啡"。

可见,影响别人是一门艺术,它需要你懂得改变的原则。

首先,我们需要知道哪些策略对影响改变是无效的。

(1)谴责、批评或者抱怨

这里传递的信息是:他(她)不好或者是有错,在你看来,礼貌、公正和仁爱的基本准则正在遭到破坏,如果什么人违反了这些原则,你会觉得自己有权纠正他们。

(2)威胁

这里传递的信息是:照我说的做,否则我就要对你不客气,夺走你心爱的东西,让你吃不了兜着走。

(3)贬低

这里传递的信息是:凡是不按你的想法去做的,就是不足挂齿的、有缺点的、愚蠢的或者卑劣的。

(4)拂袖而去

这里传递的信息是:如果你不按我的想法去做,咱们就各走各的路。该策略包揽了干脆不予理睬和威胁遗弃对方等一系列手段。

(5)威胁尤其无效

对于你的威胁,人们的第一反应可能是强化,他或者她会加倍来讨好你。这些改变是因害怕而产生的,是因害怕你而维系的,而不是一种真正的维系;害怕维持多久它们就维持多久,一旦威胁消失或者被遗忘了,对方就会依然故我,放弃你的所有东西。

以下建议,可以让你在具体的工作和生活中,采用正确的策略来影响他人。

激励

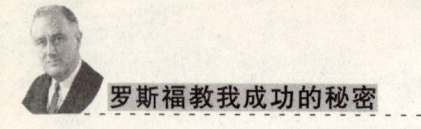

在人们还没有证明自己之前,你要相信他们。这是激励其发挥潜能的关键,也是影响别人的最重要的一种方式。

每个人都喜欢激励,这是毋庸置疑的。在跌倒时,它能让人们重新站起来;意志消沉时,它能让人们重拾信心,及时看到未来的希望。要成为一个激励者,你必须相信人性最好的一面,信任对方。实际上,信任是建立和保持所有积极关系的基础。对于分辨别人对自己的信任,人们有着极好的本能,能够准确地判断你的信任是真诚的还是虚假的。真诚地相信别人可以改变他或者你的生活,因为大多数人不会辜负你对他们的信任。随着你对他们期望的变化,对方或者奋起,或者消沉。如果你对别人持怀疑态度,他们回报你的会是不信任以及平庸的表现。但是如果你相信他们,希望他们表现优异,他们将会超出你的期望,竭尽全力。

交换

传递的基本信息是:投桃报李,礼尚往来。生活中充满了小交换,它们常常使生活变得更惬意、舒畅。"如果晚上你能跟我一起走到我的停车点,我很乐意搭你回家。""这个周末你愿意陪我去看望我的祖母吗?我会在饭店请你吃晚饭,让你觉得不虚此行。""如果你能把那些大树修剪好,我就给你按摩脖子,让你放松放松。""如果这些报告能按时交上来,我下星期会给你们布置一些比较有趣的任务。"尽管此类交换听起来像是小小的贿赂,但因为它们承认了别人的需求,并允诺给予对方实实在在的补偿。

潜在回报

有研究表明,正面强化是影响行为的最有效方式。潜在的回报和交换很像,不同的是,这种强化不是明着交换,而是暗地交换。"同我一起去购物吧。购物中心里有一个大书店,你可以随意浏览,看看有什么新的人物传记。""如果你帮我筹备明明的生日晚会,我们不仅可以把事情安排得井井有条,还可以在一块儿聊聊,消磨消磨时光。"

当某人做了你想要做的事时,一个拥抱、拍拍肩膀、亲切的微笑,甚至一个点头和满意的神情都是很有力的强化刺激。感激传递了这样的信息:你心存感激,你十分喜悦,你看重这个人所做的事。这大大增加了该行为被重复的可能性,你将继续获得你想要的。

TIPS:"真实地表达自己"的谈话技巧

学习情景对话

当你与许多人同处陌生环境时,即使是舞会或社交聚会,也一定要把它当成一般场合对待。所以请你谈论这个地方、谈论这个聚会、谈论共同性(打同样的领带、独处、身材高大等);谈论天气、询问时间、地点、打听他们正在谈论的人。

要打破僵局,可以这样说:

"你通过什么方式参加这个组织(俱乐部、活动)的?"

"你觉得这里怎样?很不错,不是吗?"

"好像要下雨了。"

"你是第一次来,还是常来?"

"我在找……你能帮我吗?"

"我在找……你知道他长什么样子吗?"

"你是这屋里唯一一个跟我身高一样的人,我想应该跟你打个招呼。"

"我看到你刚才在和……说话,你怎么认识他们的?"

记住说话时你要面带微笑,声音悦耳动听。

有了这样的开始,谈话将很容易进行。

主动进行交往

假设你应邀出席一个舞会。女主人说要给你介绍一个新朋友,你们将会很合得来。当你到场时她正忙得不可开交,她与你寒暄几句并表示要把你介绍给传说中的那个人认识,尔后说了句"一会儿就来"便走开了。如果你一晚上都只和几个人闲聊,被动地等女主人的介绍,那么直到回家,你也不会认识那个人。

你完全可以用另一种方式解决这个问题。

让女主人指出那个人,然后你主动去介绍自己。如果他不在,你可以问清楚他长什么样子。如果女主人不在,你可以问问别人。

对,就应该这样做。自己争取主动,不要指望别人。

同样,如果你看到一个熟悉的人,或者在其他场合见过他,哪怕匆匆一瞥,也要走过去提醒他,像这样:"你好,我是某某,我在某某地方见过你。"并加一些细节来证明,"我记得你告诉过我你在做一个项目(结婚或准备搬家等一切能够产生共鸣的细节),进展如何?"

如果他是演讲者或做了些著名的事情,大可把这些作为开场白,例如:"我们以前没见过,但我参加过你的……你主讲关于……你的理论给我留下了很深的印象……"

如果你想深入谈话,可问他是否有时间详谈。如果没有,便问他们喜欢哪种方式进行后续联系,是电子邮件还是通电话。

小提示:千万别相当鲁莽地走上前去对人家说"你肯定不记得我了",这样会让对方觉得自己是个健忘的人。

巧用询问沟通关系

有时人们喜爱自己的工作,有时则不然。不要因为勉强他人谈论敏感话题而破坏谈话气氛。例如,你询问对方的职业而对方闪烁其词,通常是因为他们不知如何回答或他们不想谈论它。

若你不确定他们是否喜欢自己的工作,可用一种委婉的方式提问:"如果不冒犯你的话,能告诉我你是做什么的吗?"

你也可以使用备选问题:"你喜欢做什么?"如果他们看上去兴致勃勃,你便可以继续说:"你做得开心吗?"观察他们的反应。

尽量使话题保持积极性,如此你会惊奇地发现,他们是如此豁达,如此容易相处。

3. 学会自我解嘲——杰出人物最有效的策略

罗斯福年轻时的体力比不上别人。有一次,他和一队人到一个地方去伐树。晚上休息时,他们的领队询问每个人白天伐树的成绩,同伴中有人答道:"塔尔砍倒53棵,我砍倒49颗,罗斯福使劲咬断了17棵。"如果这句话是在嘲讽其他人,想必这人早就大声反驳了,而罗斯福因为觉得自己砍树的模样确实和老鼠造巢时咬断树根的模样相同,就笑着默认了。

在日常生活中,偶尔拿自己开开玩笑,让人开怀大笑是一个不错的交际方法。林语堂曾说:"智慧的价值,就是教人笑自己。"有时候,拿自己开开玩笑,可以让更多的人愿意和你交往,而且具有幽默色彩的欢笑是你与别人进行内心沟通的捷径。因此,以这种幽默的方式自我解嘲,会给你带来不错的人际关系。

所有非凡的人,都会在和他人接近之时,故意拿自己开玩笑,或是不惜批评自己,以让他人感到轻松和愉快。在他说话时,别人会感到自己比他优越,因而产生同情、爱护和支持的感情。

华盛顿在位的时候,副总统陶卫斯是位很能吸引别人注意的人。为了拓展自己的势力范围,也为了使副总统职位更具权威,陶卫斯运用了多种决策,一个就是:时常在众人面前讲述他做副总统时发生的各种趣事。

华盛顿本人也采用过这种方法。有一天,他在大厅里对大家发表演讲,突然发现听众对他发言的反应不太对劲,于是他马上改变话题,给大家讲了一则"偷鸡的故事",这则趣事很快引起了听众的兴趣,获得了意外的成功。

霍金斯曾是位杰出的政治家,后来又成为芝加哥大家的校长,那时他才三十岁。他第一次在报纸上发表言论时,提出的两个论点非常引人注目。这两个论点使他在后来的新事业上受益匪浅。其中的一个论点就是:"一个三

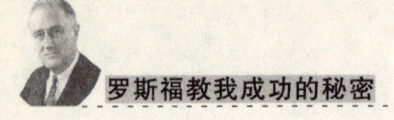
十岁的人,所知所闻非常浅薄,此后他必须依赖他的助手——代理校长,这是何等地繁琐啊!"霍金斯以他的浅薄和无知获取了众人的同情。

美国航务局前主任先生诺士凯,本是一名广告设计师。据传闻,有一次他故意以非常谦逊的言语,恭维对他有成见的理事会。他对他们说:"各位,我是一名广告员,而且还是个犹太人……所以,你们最好提防我……"

诸如此类的策略非常有用,但一般人很少能够运用得当。泛泛之辈总是极力炫耀自己的才能,时不时嘲笑他人,或者急于辩白自己并不是一个凡人。真正有才能的领袖人物,眼光非常长远,他们的目的是驾驭别人,所以他们常使用的策略是让别人略占优势。

著名的商店经理马克希南曾经说过:"男人、女人不过都是'长大的小孩'而已。"这句话可以作为领袖人物的座右铭。深知这句话内涵的人,都知道,大人物对待他人应当像对待小孩子一样。

链接:名人调侃

1.换只手表

乔治·华盛顿(1732-1799年)是美国的第一位总统。他有一个年轻的秘书,一天早晨,这位秘书来迟了。他发现华盛顿正在等自己,感到很羞愧,便说他的表出了毛病。

华盛顿平静地回答:"恐怕你得换一只表,否则我就要换一位秘书了。"

2.开介绍信

1979年夏,法国革命家康斯坦丁·沃尔涅前去拜访美国总统乔治·华盛顿。沃尔涅为了获准周游美国各地,请求总统开一张介绍信,华盛顿想:不开吧,会让沃尔涅碰个钉子;开吧,又叫自己为难。于是他在纸上写道:"康·沃尔涅不需要乔·华盛顿的介绍信。"

3.谦虚

托马斯·杰斐逊(1743-1826年)是美国第三任总统,1785年担任驻法大使时,曾去法国外长的公寓拜访。

"您代替了富兰克林先生?"外长问。

"是接替他,没有人能够代替得了他。"杰斐逊回答说。

4.化干戈为玉帛

美国第七任总统安德鲁·杰克逊(1767-1845年)曾经同本顿决斗过。本顿一枪击中了杰克逊的左臂,让子弹留在杰克逊身体里近20年。到1832年医生取出子弹的时候,本顿已经成了杰克逊的支持者。杰克逊建议将子弹归还本顿,但本顿谢绝接受,他说20年的保管期,已使产权发生了转移,子弹的所有权当属杰克逊。而杰克逊说自从上次决斗到现在只有19年,产权关系没有发生变化。

本顿回答说:"鉴于你对子弹的特别照管——一直随身携带——我可以放弃这一年。"

5."严肃的驴"

美国第十三任总统约翰·卡尔文·柯立芝(1872-1933年)以少言寡语出名,常被人们称作"沉默的卡尔"。艾丽斯·罗斯福·朗沃思就曾说柯立芝"看上去像从盐水里捞出来的。"对此,柯立芝说:"我认为美国人民希望有一头严肃的驴做总统,我只是顺应了民心而已。"

6.金口难开

由于柯立芝总统沉默寡言,许多人总以和他多说话为荣。在一次宴会上,坐在柯立芝身旁的一位夫人千方百计想让柯立芝和自己多聊聊。她说:"柯立芝先生,我和别人打了个赌:我一定能从你口中引出三个以上的字眼来。""你输了!"柯立芝说道。

还有一次,一位社交界的知名女士与总统并肩而坐,高谈阔论,但总统依然一言不发,她只得对总统说:"总统先生,您太沉默寡言了。今天,我一定得设法让您多说几句话,起码得超过两个字。"柯立芝总统咕哝着说:"徒劳。"

7."我也一直站着"

这天,柯立芝正埋头办公,忽然一位崇拜柯立芝的夫人闯了进来,对他前一天的演讲表示祝贺,并说:"那天大厅里人山人海,我根本无法找到一个座位,一直站着听完了您的全部演讲。"这位夫人用略带委屈的口气说这句话,想以此换得几句安慰话。不料,柯立芝冷漠地说:"并不是你一个受累,那天我也一直站着。"

8.不想再当总统

柯立芝总统在任期快要结束时,发表了有名的声明:"我不打算再干这个行当了。"

记者们觉得话里有话,便缠住他不放,请他解释为什么不想再当总统了。柯立芝被问得实在没有办法,便把一位记者拉到一边,对他说:"因为总统没有提升的机会。"

9.只答一题

美国第十六任总统亚伯拉罕·林肯(1809-1865年)读书的时候,有一次考试,老师问他:"你愿意答一道难题,还是两道容易的题目?"

"答一道难题吧。"林肯很有把握地说。

"那你回答:鸡蛋是怎么来的?"

"鸡生的。"

"那鸡又是从哪里来的呢?"

"老师,这已经是第二道题了。"

10.捎衣进城

林肯在斯普林菲尔德担任律师期间,有一天步行到城里时,一辆汽车从他身后开来,他喊住驾驶员,说:"能不能行个方便,替我把这件大衣捎到城里去?"

"有什么不能呢?"驾驶员回答说,"可我怎么让你重新拿到大衣呢?"

"哦,这很简单,我打算裹在大衣里头。"

11.翻来覆去

林肯当律师时,一次作为被告的辩护律师出庭。

原告律师在法庭上把一个简单的论据翻来覆去地陈述了两个多小

时,讲得听众都不耐烦了。

好不容易才轮到林肯上台替被告辩护。林肯走上讲台,先把外衣脱下放在桌上,然后拿起玻璃杯喝了两口水;接着重新穿上外衣,然后又喝水,再脱外衣。这样反反复复了五六次,逗得法庭上的人笑得前仰后合。

林肯一言不发,在笑声消失后才开始他的辩护演说。

12.给别人一个机会

有一位妇人来找林肯总统,她理直气壮地说:"总统先生,你一定要给我儿子一个上校的职位。我并不是要求你的恩赐,而是我们应该有这样的权利。因为我的祖父曾参加过雷新顿战役,我的叔父在布拉敦斯堡是唯一没有逃跑的人,而我的父亲又参加过纳奥林斯之战,我丈夫是在曼特莱战死的,所以……"

"夫人,你们一家三代为国服务,对于国家的贡献实在够多了,我深表敬意。现在你能不能给别人一个为国效命的机会?"林肯接过话说。

13.难看的面孔

林肯是美国历任总统中最有幽默感的一位。人们都知道林肯的容貌很难看,他自己也了解这一点。

一次,他和斯蒂芬·道格拉斯辩论,道格拉斯说他是两面派。林肯答道:"现在,让听众来评评理。要是我有另一副面孔的话,您认为我会顶着这副这么难看的面孔吗?"

14.回电

南北战争时,有一回林肯发令到前线,要求各司令官发到白宫的报告务求翔实。麦克利兰将军是一个急性子,接到了林肯总统的这道命令后着实有些受不住,发了个电报到白宫去,电报称:"华盛顿林肯大总统钧鉴:俘获母牛6头,请示处理办法。麦克利兰。"

林肯接到了麦克利兰将军的电报,马上发给他一个回电:"麦克利兰将军勋鉴:电悉。所陈俘获母牛6头,挤其牛乳可也。林肯。"

15.擦谁的皮鞋

林肯正在擦他自己的皮鞋时,一个外国外交官向他走来。

"怎么,总统先生,您竟擦自己的鞋子?"

"是的。"林肯回答,"那么您擦谁的鞋子?"

16.被撞以后

有一次,一位军官在作战部大楼的走廊上急匆匆地走,迎面撞到了林肯身上。当他看清了被撞的是总统先生的时候,立刻赔不是。

"一万个抱歉!"这位军官恭敬地说。

"一个就足够了。"林肯回答说,接着又补上一句,"但愿全军的行动都能如此迅速。"

17.消灭政敌的方法

有人批评林肯总统对待政敌的态度:"你为什么要试图让他们成为朋友呢?你应该想办法去打击他们,消灭他们才对。"

"我难道不是在消灭政敌吗?当我使他们成为我的朋友时,政敌就不存在了。"林肯总统温和地说。

18.估计敌军的兵力

在一次有关兵力问题的讨论中,有人问林肯,在战场上的南方军有多少人?

"120万。"林肯回答说。

这个数字远远超过了南方军的实际兵力。望着周围一张张充满惊愕和疑虑的脸,林肯接着说:"一点不错——120万。你们知道,我们的那些将军们每次作战失利后,总是对我说寡不敌众,敌人的兵力至少多于我军3倍,而我又不得不相信他们。目前我军在战场上有40万人,所以南方军是120万,这毫无疑问。"

19.明智的选择

1888年,美国第二十三届总统竞选之日,候选人本杰明·哈里森(1833-1901年)很平静地等候着最终的结果。他的主要兴趣似乎在印第安那州。

印第安那州的竞选结果宣布时已经是晚上11点钟了,哈里森在此之前早已上床睡觉了。第二天上午,一个夜里给他打过祝贺电话的朋友问他为

什么睡这么早,哈里森解释说:"熬夜并不能改变结果。如果我当选,我前面的路将会很难走。所以不管怎么说,休息好不失为是明智的选择。"

20.让人左右不是

美国第三十六位总统林登·贝恩斯·约翰逊(1908-1973年),26岁时被任命为全国青年总署德克萨斯州分署署长。他在任期期间对手下人十分严格,喜欢讲他们的不是。

走过一个同事的座位,看到他的办公桌子上堆满了文件,就故意提高嗓门说:"我希望你的思想不要像这张桌子一样乱七八糟。"同办公室的人都听得一清二楚。而这位同事费了好大的劲,才在约翰逊第二次巡视办公室前把文件整理好了,并清理了桌面。约翰逊又来到办公室时,看到原来乱糟糟的桌面变得空空荡荡, 于是说:"我希望你的头脑不要像这张桌子一样空荡荡。"

知人而善任
——罗斯福这样打造自己的智囊团

罗斯福的领导艺术至今为人们津津乐道,而他善于将身边的每个人都塑造成为自己的决策智囊和得力助手的手段,也令人望尘莫及。

1. 他的决策智囊团——"成功公式中,最重要的一项因素是与人相处"

罗斯福说:"成功公式中,最重要的一项因素是与人相处。"

和人打交道的能力比什么都重要。一个人不管有多聪明,多能干,背

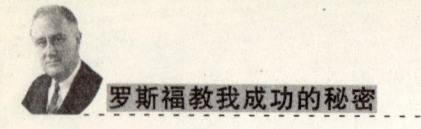
景条件有多好,如果不懂得如何做人、做事,那么结局肯定是失败。

第二次世界大战爆发时,罗斯福破格任命资历不深的马歇尔为总参谋长,整个朝野为之哗然。

马歇尔走马上任后,大胆擢升一批有非凡才干的青年军官,一下子升迁了4088人,例如艾森豪威尔、肯尼、斯巴兹、克拉克、巴顿等。他们都是率领美军在第二次世界大战中驰骋、独当一面的司令官。由于罗斯福、马歇尔的知人善任,欧洲战场的美军在短时间内赢得了胜利。

一个出色的政治家,要善于发现人才,尊重人才,重用人才。

从1932年12月到1933年3月,罗斯福花了四个月的时间为就任总统做准备。他的智囊们一直在为他研究政策,而罗斯福则忙着新政府的人事安排。如同罗斯福所描述的那样,这个内阁是一个"中间偏左"的内阁;三个成员(赫尔、斯旺森和罗珀)是德高望重的威尔逊主义者;三名成员来自共和党:既有共和党中的进步主义者(伊克斯和华莱士),也有共和党中的保守派(伍丁);两名成员来自参议院,还有一名是州长(德恩)。内阁中有两个天主教徒(法利和沃尔什),还有首次任用的女性内阁部长。内阁成员的选用照顾到了各地区的代表性,而且所有人都是在芝加哥会议之前就支持罗斯福的。

罗斯福非常精于处理政治中的各种细节,而他也是同时代中最精于算计、最讲求实际的政治家。

(1)知人善任,为你的下属找到适合的位子

子产是春秋时郑国出色的政治家。《左传》中说:"子产之从政也,择能而使之。"他手下有4位得力助手:冯简子能断大事;子太叔仪表不凡,善于交际;公孙挥熟悉邻国国情;裨谌足智多谋,但必须在一个绝对安静的环境里才能有效思考。当邻国的人有事需要子产决策时,子产就向公孙挥了解情况,然后给裨谌找一个幽静之处出谋划策,接着叫冯简子从中抉择。最后让子太叔往来穿梭,付诸实施。子产主政时,将郑国的国事处理得井井有条。

　　知人善任,其实是说知人是用人的条件,不知人的人就不能够用人。善任是知人的目的和深化。识人、知人是为了使人才能够善任,能让你在用人的过程当中更深刻地识人与知人。

　　所谓的人才识别,就是对人才的思想品质、政治觉悟、工作能力、性格、知识、精力还有体力状况等,进行全面的历史的考察和评价。"知人"既是人才管理的重要的内容,也是对人才合理使用与科学管理的前提条件。可以说,知人是坚持公道正派和任人唯贤的基本保证。没有识人的"慧眼","近己之好恶而不自知",就不能够坚持公道正派和任人唯贤的原则。知人是对人才实施科学管理的必备环节,是做到人尽其才、才尽其用的必要环节,是激励人才奋发进取的比较有效的措施。

　　魏源有这样的一段论述,十分精彩:"不知人之短,不知人之长,不知人长中之短,不知人短中之长,则不可以用人,不可以教人。用人者,取人之长,避人之短;教人者,成人之长,去人之短也。惟尽知己之所短而能去人之短,惟不恃己之所长而后能收人之长。"

　　在楚汉相争的过程当中,刘邦为什么能用人之长,而项羽不能呢?原因是刘邦没有满足于自己的长处,也不认为自己的计谋过人,更不认为自己有军事的天才。他因为有自知之明,所以虚心听取张良的奇谋,放手让韩信、英布、彭越等猛将去独当一面,用谋臣武将之所长来为自己打天下;而项羽自恃深懂兵法,又有可拔山举鼎的勇力,要比谋臣武将都高一等,既不听谋主范增的计谋,对于韩信、陈平的献策也不屑一顾,致使范增气得辞职,韩信、陈平等天下奇才和猛将英布离楚归汉。最终刘邦可以用众人之长成己之长,而项羽不能用人之长而致成己之短,谁胜谁败,大局已定。

　　唐太宗是个文武全才的英明之主,但是他不满足于己之所长,不认为自己无所不知,能够虚心听谏纳谏,用人之所长以补己之不足。故其身边人材济济助之成就大业。而隋炀帝自恃其才高过人,认为自己说的话都是对的,不容别人反驳,做的事都是对的,不允许别人违背,不用有才能的忠直之臣,而用一些阿谀奉承的佞臣,结果众叛亲离,到最后被他的心腹所杀。

对人才实施比较科学的管理,就是用科学的理论途径与方法,做到人尽其才,才尽其用,充分地调动每一个人才的积极性和创造性,发挥人才的最好的效益。科学人才管理的关键在于知人,即对管理对象进行考察了解。要做到人尽其才和才尽其用,首先要了解掌握人才的实际情况。

(2)扬长避短,让你的团队发挥最大战斗力

看过《亮剑》的人一定记得李云龙与赵刚这一对典型的黄金组合。作为新一团的团长和政委,李云龙性烈如火,热情奔放,属于力量型的人物;赵刚性情似水,冷静悠长,属于完美型的人物。李云龙接受的教育不多,既有被残酷的血与火长期打造出的暴烈性格,又保留着江湖习气;他头脑中既有被极端恶劣的环境磨练成的非常规思维,又混合着清水一样的朴实。而这些性格和思维组合在一起,使他总不按常规出牌,出奇制胜、攻人不备,又出乎意料、爱乱捅篓子。而赵刚的家庭出身、教育背景、文化底蕴、党性修养等,决定了赵刚的性格:沉着冷静、目光长远、柔中带刚、追求完美。但也因为过于追求完美,他总是试图做出正确的决策,总是希望有100%的把握后再采取行动,以求万无一失,这让他显得瞻前顾后、优柔寡断。独立团的发展壮大,关键在于李云龙和赵刚的黄金组合实现了优势互补,取得了1+1>2的效果。

在职场上,有的人思维敏捷,却沉默寡言,不善与人沟通;有的人长于交际,却不能做好自我管理;有的人善于创新,却无法做好基础工作;有的人执行力强,却有些墨守陈规……这是令许多管理者头疼的问题:为什么我找不到完美的员工?

金无足赤,人无完人,面对各有所长的员工,管理者要做的事情是:取你所长,补他所短。一个公司犹如一盘棋局,每个员工就是棋盘上的棋子,每颗棋子都有它的价值,有的棋子甚至决定了整盘棋局的输赢。管理者要掌握一些微妙的用人艺术,充分挖掘每一个员工的价值。

　　扬长避短的道理似乎谁都懂,但在用人中,真正懂得并善于扬长避短的管理者太少。扬长避短最难的是,把短处或缺点当成优点来用,或者说通过换位调整,设法避短。

　　去过寺庙的人都知道,一进庙门,首先看到的是弥勒佛笑脸迎客,在他的北面,则是黑口黑脸的韦陀。相传在很久以前,他们并不在同一个庙里,而是分别掌管不同的庙。弥勒佛热情快乐,所以前来参拜的人非常多,但他什么都不在乎,丢三落四,没有好好的管理账务,所以入不敷出。而韦陀虽然是管账的一把好手,但成天阴着个脸,太过严肃,搞得参拜的人越来越少,最后香火断绝。佛祖在查香火的时候发现了这个问题,就将他俩放在同一个庙里,由弥勒佛负责公关,笑迎八方客,而让韦陀负责财务,严格把关。在两人的分工合作中,庙里香火鼎盛。

　　优点与缺点是相对而言的,没有一个人有绝对的缺点,比如,让那些天生慢性子的人从事讲究速度的工作肯定不合适,在求快的工作岗位,慢性子会成为短处;但将慢性子的员工放在讲究精准的岗位上,他们的细致和耐心,会让慢性子转化为长处。

　　当然,人也没有绝对的优点,优点在一定条件下,也会转化为短板。人之所以会出现短处,很大程度上是因为用人不当。如果把一个人放在不适合的岗位,用其短而弃其长,结果会让扬长避短成为扬短避长。每个人的优点并不是绝对的, 如果管理者不善运用员工的优点, 安排的工作不合理,那么即使是金子,也很难发出耀眼的光芒。

　　员工的优点缺点不是一眼就能看出来的,一方面,管理者要有识人的慧眼,善于发现员工的长处,善于巧妙地将员工的短处转化为长处,而这需要管理者注重自身的学习和能力的提高,善于总结,有新颖的视野、宽阔的胸怀、宽广的思路;另一方面,员工需要有一个良好的平台展示自己的优点,发现自身的不足。管理者应该多给员工提供一些锻炼的机会,从而全方位地观察、了解员工,帮助员工做好定位,再将他安排在适合的岗

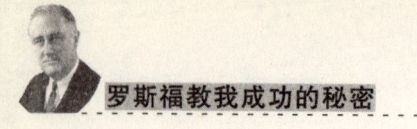
位上。

知人善任，发挥每个人的特长，是管理者的基本功，也是其事业成功的重要因素。一名优秀的管理者，不但要知道每一个下属的特长，还应掌握每一个人的不足，在任用中注意发挥其特长，并根据其不足做好防范工作。

2. 他的得力助手们——"你拥有了什么样的人，决定你拥有什么样的人生"

罗斯福带有实用主义观点的政策，大都来自他那由各方面人才组成的参谋班子。他们能在一般事物中发挥合理思维和分析才能，在特定的领域里施展他们的专业知识。罗斯福认为："你拥有了什么样的人，决定你拥有什么样的人生。"

(1)成为下属的知己，正确地叫出下属的名字

许多公司的老板都不大注意，认为没有必要，或者借口自己工作太忙没有这个时间和精力去记下属的名字。有个较大公司的老板，一般员工去找他，会主动报上姓名，但几分钟后，他就不记得人家的名字了，等到下次再见时，他甚至会问："你是哪个单位的？"

罗斯福知道一种最简单、最明显、最重要的得到好感的方法，就是记住别人的姓名，使对方感到自己受重视。克莱斯勒汽车公司为罗斯福制造了一辆轿车，送汽车到白宫的时候，一位机械师也跟着去了。被介绍给罗斯福时，这位机械师很怕羞，躲在人后没有同罗斯福谈话。罗斯福只听到他的名字一次，但在他离开的时候，罗斯福找到他，与他握手，叫他的名字，并谢谢他到华盛顿来。这说明，能不能记住下属的姓名，与忙不忙没有必然的联系。

记住下属的姓名，并不是一件轻而易举的事，需要下一点工夫，还得有一套方法。一般记住大量名字的方法，主要有如下几个：

一是当对方介绍姓名时,聚精会神,并将之记在心里。

有的人虽主动询问对方"尊姓大名",但在对方介绍时又心不在焉,对方还未走,就已经忘记了他是谁,哪里还谈得上下次见面!有的人记忆力强,有的人记忆力差,这是事实。如果记忆力差,你可以说:"对不起,我没有听清楚。"让对方再说一遍,加深记忆。还可以在听取信息的时候,用每个字造一个词来加深记忆。比如,你的下属名叫马胜长,不就是马到成功的"马",胜利在望的"胜",长命百岁的"长"吗?这会让你印象深刻得多。

二是记住每个人的特征。

人有许多方面的特征,有外形的特征,如眼睛特别大,胡子特别多,前额很突出等等;有职业上的特征,如最擅长某一技术,在某一技术、学识上有受人称道的雅号等等;有名字上的特征,有的名字故意用些生僻的字,或者有很少用来做名字的字,有的名字与另一个人的名字完全相同。你可以把这些做为一个记忆点,区别开来,就容易记住了。

三是备个小本子。

如果是尊贵的客人,切不可当面拿出小本子,只能在会面结束后再记。但面对下属,你可以说:"我记忆力差,请让我记下来。"下属不但不会讨厌,还会产生一种自豪感,因为你真心实意地想记住他的名字。为了防止以后翻到名字也回忆不起来,除了记下名字以外,他还要把对方的基本情况如单位、性别、年龄等记下来。这个小本子你要经常翻一翻,一边翻一边回忆会见此人的情景,这样,三年五载以后再碰到此人,你也可以叫出他或她的名字来。

四是多与下属接触。

百闻不如一见。有不少的老板,一有时间就深入基层,同下属一起干活,或者一起玩乐,或促膝谈心,或共商良策。这样的老板,不但能叫出下属的名字,连下属在想什么都能说得出来。

(2)他们跟随你不是因为你有神秘的吸引力,而是因为你在跟随他们的想法

每当罗斯福有重要事情需要征求意见时,会将助手拉到一旁说:"我

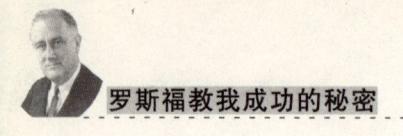
请你研究一个问题,但要保守秘密。"然后他又拉几个与该助手意见不同的人到一旁,庄重地对他们说同样的话。

这里,罗斯福以自己的高明最大限度地开发出了下属的咨询能力,使每个下属都成为了自己的咨询顾问,而向自己提出不同的咨询建议。

领导者有意识地将自己的下属塑造成为咨询顾问,目的在于获得客观的咨询建议,而要达到这一目的,就必须让领导者和下属作出共同的努力,相互配合。

培训师不一定能当领导,但是好的领导一定具有高超的培训艺术,堪称一流的培训师。他善于发现每个人的优点,并点石成金,让部下的优点熠熠生辉,为自己所用,并成为自己的得力干将。

要让下属追随你,你首先要学会尊重自己的下属。

艾柯卡·特卡非常注重把握听众的心理。他说过一句话:"使用听众自己的语言同他们讲话是重要的,这件事如果做得好,他们会说'上帝!他说的就是我想的',他们如果尊重你,就会跟你到底。他们跟随你的原因不是因为你有何神秘的方法,而是因为你在跟随他们的想法。"

艾柯卡总是尽力地去鼓励别人提出自己的想法和建议,就算这超出了他们的实际能力。在别人拿出具体办法前,他尽量做到不去干预、影响他们的设想。他还习惯在和下属交谈以后,让对方将所谈的意见或者是建议写成书面的文字,使这些想法可以具体化,以弥补口头交谈的缺陷,防止自己被动听的言辞打动而采纳了不成熟或者不切合实际的意见。

艾柯卡在工作当中,非常重视保护下属的积极性,比如说当某一位下属的意见没有被采纳时,他会让对方知道建议是有效的,只是因为条件限制不能即时实现,以鼓励下属提出新建议。当需要对下属进行表扬或批评时,他奉行这样一条原则:"如果你要表扬一个人,用书信;假如你要使他难堪,用电话。"书面表扬可以体现郑重和对成绩的充分地肯定。当下属工作出现失误的时候,过分的难堪会挫伤甚至毁灭他们的积极性。

艾柯卡在任福特汽车公司总裁的时候,吸纳了很多优秀的管理人才,当他离开福特公司到克莱斯勒公司任董事长的时候,这批人都跳槽到克

莱斯勒,放弃了福特的优厚待遇,谢绝了福特的一再地挽留。从这方面可见,艾柯卡在人际交往方面的特殊魅力。艾柯卡说过:"我设法寻找那些有劲头的人,那样的人不需要多,有25个我就足以管好美国政府。在克莱斯勒,我大约有12个。使这些管理人员具有的力量就是他们懂得怎样用人与发动人。"

这就是艾柯卡能够成功的关键,所以能创造出令人惊叹的奇迹。他的领导才能甚至超出了一个最卓越的领导者的范围,以至于大家认为他是理想的美国总统的竞选人。

(3)你拥有了怎样的人,就拥有了怎样的人生

虽然卡耐基被称为钢铁大王,但他自己对钢铁制造的知晓却很少,因为有千百人替他工作,而他们懂得的钢铁方面的知识要比他多得多。卡耐基知道如何与人相处——他致富的原因就在此。他深知人才在一家企业中处于关键地位,对企业成功具有重要意义,因此每当他发现能力出众的青年人,都会倾力提拔;对于其中特别杰出的,甚至会吸收为合伙人。卡耐基曾颇为自负地说:"就算有一天全部工厂被大火烧毁,但只要和我一起奋斗的这些人还在,不出一年,我就又会成为百万富翁。

卡耐基获得成功的另一主要原因是以勉励代替指责。正如卡耐基自己所说,一个组织拥有的资产中唯一不可替代的是它的员工所具备的知识与能力。员工的整体能力很大程度上导致了企业之间的差距,企业之间的竞争归根结底是人才的竞争。

查理·夏布是全美少数年收入超过百万的商人。1921年,安德鲁·卡耐基慧眼独具,提名夏布为新成立的"美国钢铁公司"第一任总裁时,夏布才38岁。

为什么安德鲁·卡耐基每年要花100万聘请夏布?是因为夏布是个了不起的天才,还是夏布先生对钢铁生产的知晓比别人多?都不是。夏布曾说过,在他手下工作的许多人对钢铁的了解都比他多。

夏布说他获得高薪的原因主要是他善于处理人事、管理人事:"我想,我天生具有引发人们热情的能力。促进人将自身能力发展到极限的最好

办法，就是大家相互勉励。而来自长辈或上司的批评，最容易令一个人丧失志气。我从不批评他人，我相信勉励是使人工作的原动力。所以我喜欢勉励而讨厌吹毛求疵。如果说我喜欢什么，那就是真诚、慷慨地勉励他人。"

夏布处世成功的秘诀就是这么简单。但是，一般人却不会这么做：假如他们不喜欢一件事情，必定会对下属大吼大叫；如果喜欢，他们就默不吭声。夏布说："我接触过世界各地不同层次的人。我发现，无论多么伟大或尊贵的人，都和平常人一样，在受到认可的情况下，要比在遭受指责的情形下，更能奋发工作，效果也更好。"

夏布指出，卡耐基常常勉励他人，让对方认为自己是被尊重、重视的，私底下他也乐于勉励他人，并希望得到别人的勉励，他常说："我干得怎么样？要多多支持。"卡耐基甚至在墓碑上也不忘记恭维别人一番，他为自己所写的墓志铭是这样的：这里躺着一个人，他懂得如何迎奉比他聪明的人。

你是什么样的人，你身边的人就是什么样的人；你的水平有多高，你身边人的水平就有多高。物以类聚，人以群分。有秦穆公才有百里奚、由余等奇才大展宏图，使秦国成为春秋五霸之一；有秦孝公才有商鞅，从而完成中国历史上最杰出的改革事业；有秦惠王才有张仪，从而破坏六国的合纵，使秦国依靠实力雄踞天下；有秦始皇才有李斯，从而实施消灭群雄的蓝图，完成一统天下的伟业。

罗斯福的成功不仅在于他的家庭、他的勇气、他的坚持，还在于他拥有强大的人脉网，懂得借助别人的力量让自己更强大。

我们经常听到这样一句话：这个世界上到处都是有才华的穷人。为什么那些学历很高的人不能取得成功？因为他们总是信奉靠自己的力量就能取得成功，而不肯或者不屑于同别人合作。事实证明，这样的做法是不正确的。

俗话说：一个篱笆三个桩，一个好汉三个帮。在家靠父母，出门靠朋友。《水浒传》中的宋江，原本只是山东郓城县的一个小吏，然而，日后竟摇身

一变成为威震四方的英雄,名噪一时,靠的是什么？朋友！如果没有武松、林冲、李逵等人,宋江能摆脱小人物的命运吗？

红顶商人胡雪岩曾说:"一个人的力量到底是有限的,就算有三头六臂,又办得了多少事？要成大事,全靠和衷共济,说起来我一无所有,有的只是朋友。"

一个能成大事的人,关键不在于他自身的能力有多强,而在于借助了别人的强大力量。

李强在大学里学的是计算机专业,进入一家软件开发公司半年后,被选拔进入了一个重要的研发小组,并担任组长。他不禁沾沾自喜,甚至骄傲起来。但他很快就发现,研发小组中有些人虽然计算机应用能力不如他强,却具有丰富的研发经验和卓越的研发能力。比如那个其貌不扬的陈平,虽然平时寡言少语,拿出来的方案却闪耀着智慧的光芒,让许多自诩科班出身的人自惭形秽。

李强意识到单靠个人的力量,研发课题是很难攻克的,只有与人合作,自己才有望取得成功。于是,他放下架子,一边暗中努力学习,一边虚心向别人请教。他和陈平成了工作中的好搭档,生活中的好朋友,经常是别人下班了,他们两人还在讨论工作。在他们的共同努力下,课题很快就被攻克了,李强的业务能力也大为提高,赢得了上司的青睐。

人是最大的资源,不管做什么事情,都要有人的参与。被称为赚钱之神的邱永汉说:"失去财产,仍有从头再做生意的机会;失去朋友,就没有第二次机会了。"

世界潜能大师陈安之认为,成功有三个因素:帮成功者工作;与成功者合作;请成功者为你工作。假如你掌握了这三个因素,一定会更加接近成功。

延伸阅读：如何与人进行有效沟通

建议大家从以下几个方面做起，以获得有效的沟通。

(一)使对方从容不迫

当对方紧张时，你会发现，你很难与他沟通。他被自己的害怕心理缠住了，不能集中精神听你谈话，也不能无拘无束地发言。

与别人交谈时，你一定要弄清对方是否紧张。你可以观察他的眼神窥视他的心情。

一个人若是避开你的视线，或眼睛东张西望，通常表示他很紧张或很腼腆。

此时，你要消除他的紧张，否则交谈的效果会大受影响。你首先要友好地微笑，这是消除别人紧张心理的最有效方法；其次，要做个好客的主人，让对方坐在一个舒适的位置上，并给他弄点喝的或吃的；开始交谈时先谈一些对方感兴趣的话题，如问一问他的家庭、业余爱好和其他情况。

(二)让对方知道你想听他的意见

成功交谈有一个重要组成，就是双方交谈时的非语言沟通。

消极反馈不利于沟通，积极反馈能促进和激励双方沟通。

鼓励双方交流的最佳方法是让对方知道你想听他的意见，对他说的话要表示出兴趣。能否向他传达这个信息，一半取决于你是否养成了真心实意听取别人意见的习惯，另一半是你必须集中精神理解对方的话，而不是思考如何对他的话作出回应。每当你的精神集中在错误的东西上时，可能会误解对方的话。如果你老是忙于考虑怎样回应，就不能有效听取对方的意见。

(三)与对方产生感情共鸣

感情共鸣对互相交流起着最重要的作用。如果人人都对别人有强烈

的爱心,都尽力与别人产生感情共鸣,而不是指责别人,这个世界的争论和失败的沟通将会减少。

与人交谈时,你要尽量用对方的观点看事物,尽力弄清楚他为什么会这样想。

正如他人所说的,如果我们设身处地为别人着想,就不会一心想着要别人安分了。

(四)提问之前提供点必要情况

虽然回答以简明扼要为好,但提问要用另一种方法。我们大概有过这种经验:他人突如其来地提出一个难答的问题,我们因不清楚这个问题究竟问的是什么,为什么对方会这样问而难堪。

每次提问题之前,你要先说明一些情况,让对方知道问题的来龙去脉和你的用意。交待来龙去脉不必要啰嗦,讲得太多反而让人摸不着头脑。提供足够信息,让对方知道如何作答便可。

下面举个例子。请看同一问题的两种不同问法:

例1."PD"是什么意思?

例2.问你个问题,某人昨天晚上查阅账目,在电脑上见到一个他不懂的缩写——"PD",这是什么意思?

由此我们可以看得出来,在提问题时,交待一下背景,效果会好得多。

(五)要说到点子上

我们生活在一个繁忙的时代,时间是最宝贵的东西。所以,相互交流贵在说到点子上。交谈时所花的时间越少,效果就越好。无论什么方法,只要能避免误解就是好方法。

所以,无论你是一对一地与人交谈,还是小组讨论,都要一开始就阐明意见,然后作补充解释。这样做不但可以节省大家的时间,还可避免听众猜测你的想法,或者得出错误结论。有时你会发现,你准备做的解释都没必要,因为你的观点无需解释就已经很清楚了。

(六)要尽量得到对方回应

你要留神观察对方的非言语回应,弄清你是否能成功表述你的观点。

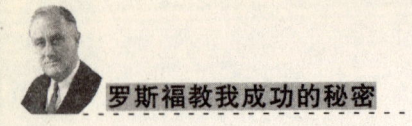

对此,最佳的方法是给对方一个回应的机会。你可以叫他用自己的话复述你刚说的内容,鼓励他在适当的时候发问,或在讲完一个要点之后,问问他听懂了没有,然后才讲下一点。如果对方一直不说话,你就无法了解他是否领会了你的话,是否同意你的观点。

第五章

他的责任

——"人人都必须有责任感,人人都应当笑对自己的责任"

罗斯福说:"人人都必须有责任感,人人都应当笑对自己的责任;生活的美好与义务和责任同步,那些想不付出什么努力、老是抱怨自己没有生在富贵之家、不能轻而易举地享受生活乐趣的人,简直不配做人。"

成功与人的性格、心胸、知识、素质甚至民族、种族都没有必然的联系。在成功人士身上,只有一点是相同的——那就是负责!

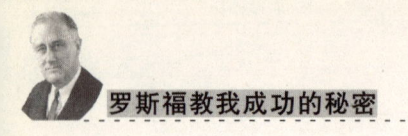
生活的美好与义务和责任同步

无论在一个什么样的场合中，每个人都承担着责任人与合作者的双重角色。

1. "我决不会有负众望"——责任就是做好你被赋予的每一件有意义的事情

爱默生说："责任具有至高无上的价值，它是一种伟大的品格，在所有价值中它处于最高的位置。"科尔顿说："人生中只有一种追求，一种至高无上的追求——就是对责任的追求。"

当时，在对外政策方面，罗斯福要求美国奉行睦邻政策——尊重自己也尊重邻国权利，珍视自己的义务也珍视与全世界各国协议的神圣义务，但政府要根据情况的轻重缓急，有重点和顺序地处理事务。他希望正常的行政和立法分权制衡体制足以应付自己当前面对的重任，然而，史无前例的要求和迅即行动的需要，可能使国家暂时背离正常的程序和轨道。

罗斯福承诺自己将提出一些应付灾难深重的危机的措施，或采纳由国会提出的类似的明智措施。

他说："万一国家危机仍然紧迫，届时我将决不回避明确职责向我提出的抉择。我将要求国会赋予我使用应付危机的唯一剩余手段——向非常状态开战的广泛行政权力，就像在真正遭受外敌入侵时所应授予我的权力一样大……对此，我决不会有负众望。"

这充满责任感的演说，使得迷茫的美国人民重新充满了信心和希望。

　　责任,从本质上说,是一种与生俱来的使命,它伴随着每一个生命的始终。事实上,只有那些能够勇于承担责任的人,才有可能被赋予更多的使命,才有资格获得更大的荣誉。

　　一个缺乏责任感的人,或者一个不负责任的人,首先失去的是社会对他的基本认可,其次失去的是对他的信任与尊重,最后,他将失去自己的立身之本——信誉和尊严。

　　清醒地意识到自己的责任,并勇敢地扛起它,无论是对自己还是对于社会,代表了一种问心无愧。人可以不伟大,也可以不富有,但不可以没有责任。任何时候,我们都不能放弃肩上的责任,扛着它,就是扛着自己生命的信念。

　　责任让人坚强,让人勇敢,也让人知道关怀和理解。因为我们对别人负有责任的同时,别人也在为我们承担责任。

　　无论你所做的是什么样的工作,只要你能认真地、勇敢地担负起责任,你所做的就是有价值的,你就会获得尊重和敬意。有的责任担当起来很难,有的却很容易,是难还是易,不在于工作的类别,而在于做事的人。只要你想、你愿意,你就能做得很好。

　　这个世界上的所有的人都是相依为命的,所有人共同努力,郑重地担当起自己的责任,才会有宁静美好的生活。任何一个人懈怠了自己的责任,都会给别人带来不便和麻烦,甚至带来生命的威胁。

　　我们的家庭需要责任,因为责任让家庭充满爱。我们的社会需要责任,因为责任能够让社会平安、稳健地发展。我们的企业需要责任,因为责任让企业有更高的凝聚力、战斗力和竞争力。

　　有一个叫"责任者"的游戏,规则是两个人一组,让同一组的两个人相距一米远的距离,一个人向另一个人的正面倒下去,另一个人只能站在原地不动,用手扶住对方的肩膀,并说:"放心吧,我是责任者。"接人者要确保能扶住倒下者,整个游戏必须在黑暗中进行。游戏的寓意是让每个人意识到承担责任的重要性,让每个人做一个责任者。

　　那责任到底是什么?

我们每一个人都在生活中饰演不同的角色。无论你担任何种职务，做什么样的工作，都对他人负有责任，这是社会法则，是道德法则，也是心灵法则。

从某种程度上说，对角色饰演的最大成功就是完成责任。社会学家戴维斯说："放弃了自己对社会的责任，就意味着放弃了在这个社会中更好的生存机会。"放弃承担责任，或者蔑视自身的责任，就等于在可以自由通行的路上自设路障，最终摔跤的，只会是你自己。

责任就是对自己所负使命的忠诚和信守，是对工作的出色完成，是忘我的坚守，是人性的升华。

当一个人怀着宗教一般的虔诚去对待生活和工作时，将能够感受到责任所带来的力量。

古希腊雕刻家菲迪亚斯被委任雕刻一座雕像，当他完成雕像后要求支付薪酬时，雅典市的会计官却以任何人都没看见他的工作过程为由拒绝支付。菲迪亚斯反驳说："你错了，上帝看见了！上帝在把这项工作委派给我的时候，他就一直在旁边注视着我的灵魂！他知道我是如何一点一滴地完成这座雕像的。"

每个人心中都有一个上帝，菲迪亚斯相信自己的努力上帝看见了，同时坚信自己的雕像是一件完美的作品。事实证明了菲迪亚斯的伟大，这座雕像在2400年后的今天，仍然伫立在神殿的屋顶上，成为受人敬仰的艺术杰作。

雕刻雕像是菲迪亚斯的伟大使命，而菲迪亚斯不仅出色地完成了这个使命，还向人们传达使命的意义。

"使命"这个词来自拉丁语，意思是呼唤。它触及了工作的实质——向你发出的呼唤，表达了你是谁，你想对世界说什么。

在斯特拉特福子爵为克里米亚战争举办的晚宴上，人们做了一个游

戏：军官们被要求在各自的纸片上秘密地写下一个人的名字，这个人要与那场战争有关，并且是他认为的这场战争中最有可能流芳百世的人。结果每一张纸上都写着同一个名字："南丁格尔。"她是那场战争中赢得最高声望的妇女。

南丁格尔带着护士小分队来到了前线，在几个小时内，成百上千的伤员从战场上被运了过来，而南丁格尔的任务就是在这个痛苦嘈杂的环境中把事情弄得井井有条。不一会儿，更多的伤员从印克曼战场上被运了回来。而这时什么事情也没有准备好，一切都需要从头安排。而当各种事务都在有序地进行着时，南丁格尔又会去处理其他更危险、更严重的事情了。在她到来的第一个星期，有时她要连续站立20多个小时来分派任务。

"南丁格尔的感觉系统非常敏锐，"一位和她一起工作过的外科医生说，"我曾经和她一起做过很多非常重大的手术，她可以在做事的过程中把事情做到非常准确的程度……特别是救护一个垂死的重伤员，我们常常可以看见她穿着制服出现在那个伤员面前，俯下身子凝视着他，用尽自己全部的力量，使用各种方法来减轻他的疼痛。"

一个士兵说："她和一个又一个的伤员说话，向更多的伤员点头微笑，我们每个人都可以看着她落在地面上的那亲切的影子，然后满意地将自己的脑袋放回到枕头上安睡。"另外一个士兵说："在她到来之前，那里总是乱糟糟的，但在她来过之后，那儿圣洁得如同一座教堂。"

南丁格尔被誉为"护理学之母"，创立了真正意义上的现代护理学，使护理工作成为了一种受尊敬的正式社会职业。她的故事告诉我们，一个人来到世上并不是为了享受，而是为了完成自己的使命。在她所热爱的护理工作的使命感的驱使下，短短3个月内，她使伤员的死亡率从42%迅速下降到2%，创造了一个奇迹。

1968年墨西哥城奥运会比赛中，最后跑完马拉松的选手，是来自非洲坦桑尼亚的约翰·亚卡威。他在赛跑中不慎跌倒了，但仍拖着摔伤流血的腿,一拐一拐地跑着。所有选手跑完全程很久以后,约翰才跑到终点。这时看台上只剩下不到1000名的观众。当他跑完全程的时候,全体观众起立为他鼓掌欢呼。之后有人问约翰:"为何你不放弃比赛呢?"他回答道:"国家派我由非洲绕行了3000多公里来此参加比赛,不是仅为起跑而已——乃是要完成整个赛程!"

约翰肩负着国家赋予的责任来参加比赛,虽然拿不到冠军,但是强烈的使命感使他不允许自己当逃兵。

有人说,假如你非常热爱工作,你的生活就是天堂;假如你非常讨厌工作,你的生活就是地狱。因为你生活当中的绝大部分时间是和工作联系在一起的。不是工作需要人,而是任何一个人都需要工作。你对工作的态度决定了你对人生的态度,你在工作中的表现决定了你在人生中的表现,你在工作中的成就决定了你在人生中的成就。所以,如果你不愿意拿自己的人生开玩笑,就应在工作中勇敢地负起责任。

美国独立企业联盟主席杰克·法里斯曾对人说起自己少年时的一段经历。

杰克·法里斯13岁时,开始在父母的加油站工作。那个加油站里有3个加油泵、2条修车地沟和1间打蜡房。法里斯想学修车,但他父亲让他在前台接待顾客。

当有汽车开进来时,法里斯必须在车子停稳前就站到车门前,然后检查油量、蓄电池、传动带、胶皮管和水箱。法里斯注意到,如果他干得好的话,顾客大多还会再来。于是,法里斯总是多干一些:帮助顾客擦去车身、挡风玻璃和车灯上的污渍。

有段时间,有一位老太太每周开着她的车来清洗和打蜡,这车的车内地板凹陷得极深,很难打扫。而且,与这位老太太打交道极难,每当法里斯给她把车清理好时,她都要再仔细检查一遍,若发现了灰尘,她会让法里斯重新打扫,直到清除掉每一缕棉绒和灰尘。

终于，有一次，法里斯实在忍受不了了，不愿意再伺候她了。法里斯回忆道，他的父亲告诫他说："孩子，记住，这就是你的工作！不管顾客说什么或做什么，你都要做好你的工作，并以应有的礼貌去对待顾客。"

父亲的话让法里斯深受震动，法里斯说："正是在加油站的工作使我学习到了严格的职业道德和应该如何对待顾客，这些东西在我以后的职业生涯中起到了非常重要的作用。"

既然已从事了一种职业，选择了一个岗位，就必须接受它的全部，屈辱和责骂都是工作的一部分，我们不应该只去享受工作带来的益处和快乐。

面对你的职业、你的工作岗位时，请时刻记住，这就是你的工作。不要忘记你的责任，工作呼唤责任，工作意味着责任。

面对奔驰和宝马汽车，你一定会感受到德国工业品那种特殊的技术美感——从高贵的外观到性能良好的发动机，几乎每一个细节都深深地体现出德国人对完美产品的无限追求。由于品质高，德国货几乎成为"精良"的代名词。德国素以近乎呆板的严谨、认真闻名，而正是这种独步天下的严谨与认真造就了德国货卓著的口碑。

又是什么造就了德国人的严谨与认真，进而让德国货在国际上赢得如此高的声誉呢？

答案是对职业的虔诚。德国货之所以精良，是因为德国人不是受金钱的刺激，而是用宗教的虔诚来看待自己的职业，他们把这种虔诚完全融入到了产品的生产过程中。

对手头工作和行为百分之百负责的员工，愿意花时间去研究各种机会和可能性，这让他们更值得信赖，也让他们获得了更多的尊敬。与此同时，他们将获得掌控自己命运的能力，这些加倍补偿了他们为了承担百分之百责任而付出的额外努力、耐心和辛劳。

老吴是个退伍军人，几年前经朋友介绍来到一家工厂做仓库保管员，

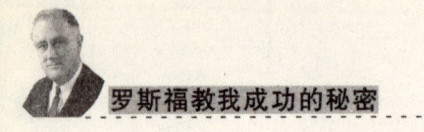
虽然工作不繁重,无非是按时关灯,关好门窗,注意防火防盗等,但老吴却做得超乎常人的认真,他不仅每天详细纪录来往工作人员的提货日志,将货物有条不紊地码放整齐,还从不间断地对仓库的各个角落进行清理。

3年下来,仓库没有发生一起失火盗窃案件,其他工作人员每次都会在最短的时间里找到所要提的货物。在工厂建厂20周年庆功会上,厂长按员工的级别,亲自为老吴颁发了5000元奖金。好多老职工不理解,老吴才来厂里3年,凭什么能够拿到这个老员工的奖项?

厂长看出大家的不满,说道:"你们知道我这3年中检查过几次咱们厂的仓库吗?一次没有!这不是说我工作没做到位,其实我一直都了解咱们厂的仓库保管情况。作为一名普通的仓库保管员,老吴能够做到三年如一日地不出差错,积极配合其他部门人员的工作,对自己的岗位忠于职守。比起一些老职工,老吴真正做到了爱厂如家,我觉得这个奖他受之无愧!"

在自己的位置上领会到"工作意味着责任",领会到责任的重要性,百分之百负责地完成自己的工作的员工迟早会得到加倍的回报。相反,责任感缺失的工作,常伴随着惨剧的发生。

所以,责任就是做好你被赋予的任何有意义的事情——引用罗斯福的话就是:"每种美德都值得称赞,但是,如果没有男人对在家里做饭、看孩子的女人的爱,没有父母对嗷嗷待哺的孩子愉悦而无畏的爱作为支撑,所有美德都会像空空如也的街道上的浮尘一样,被肆虐的狂风一吹就无影无踪。"

2. 破例的三任竞选——人生所有的履历都必须排在勇于负责精神之后

美国人民在不景气的经济困境和外部世界的纷扰中迎来了不平凡的1940年。在总统职位上已工作8个年头的罗斯福肩负重任,忙得不可开交,

过度的操劳和焦虑开始给他的身体带来损害。1938年以来他晕倒过几次，有时一次流感他要花几个星期才能复元，这是年老体衰、抵抗力减弱的征兆。年初的一天，罗斯福对汽车司机工会主席丹·托宾说："我想回海德公园老家，照顾我的树木和农场。我想写历史。不成，我真的干不了啦。"

罗斯福是真心希望回到赫德逊河畔颐养天年，那时，海德公园的粗石藏书馆和小山顶上的"梦庐"都即将竣工。还绚丽以平淡，似乎是故乡簌然作响的桦林对他的灵魂呼唤。

但是，罗斯福那跳动着的心，任谁也无法准确地把握或预测。他是在什么时候决定不参加第三任竞选，又在什么时候决定竞选的——半个多世纪以来始终没有一个确凿的说法，人们从各个角度对此进行估测、推断或猜想，引发了许多与此相关的其他话题。

有一种比较可靠的说法是：如果当时不出现急迫而严峻的国际危机，罗斯福不会参加竞选，或者即使参加了也选不上。但人们同样可以说，如果没有滔天洪水，诺亚就永远不会想登上亚拉腊山顶。一位伟人曾说："人生所有的履历都必须排在勇于负责的精神之后。"

责任能够让一个人以最佳的精神状态、精力旺盛地投入工作，并将自己的潜能发挥到极致。

一家化妆品公司的老板费拉尔先生重金聘请了一位叫杰西的副总裁。杰西非常有能力，但到公司一年多来，却没有创造出任何价值。

杰西的确是一个人才。他的档案上显示，他毕业于哈佛大学，到费拉尔公司之前，曾经在3家企业担任高层主管。他非常擅长资本运作，曾经带领一个5人团队，用3年时间将一个20人的小企业发展成为员工上千人、年营业额5亿多美元的中型企业，创造了令同行称道的"杰西速度"；在1998年至2000年间，他更是叱咤华尔街，掀起一阵"杰西旋风"。

这样出色的人才，怎么会创造不了价值？

"在个人能力方面，我是绝对信任他的。"费拉尔先生说。

"你了解他具备哪些能力吗？"一位人力资源咨询师问他。

"当然了解，在请他来之前，我是非常慎重的。我请专业猎头公司对他进行了全面的能力测试，测试结果令我非常满意。"费拉尔说，他还详细列举了杰西具备的各种能力，并以杰西之前工作中的很多成功案例来佐证。

确实，费拉尔对杰西的能力非常了解和倚重，但是作为一名高层主管，杰西所需要的，绝不仅仅是薪水，单靠薪水，难以建立综合能力很高的人才的责任感。经过深入的沟通，咨询师发现，杰西是一个勇于接受挑战的人，工作难度越大，就越能激起他奋斗的欲望，让他随时都有一种准备冲锋陷阵的干劲。

"在进入公司之初，我满怀激情，决心干一番大事业，可后来我发现一切都不像我想象的那样，我觉得越来越没劲，对公司渐渐失去了认同，对自己的工作失去了认同。"杰西终于说出了心里的想法，他说，"我希望有一个能够放开手脚大干一场的工作环境，而不喜欢太多的束缚。"

原来，杰西的上司费拉尔先生有两个致命的弱点：一是对所用之人难以放心，害怕能人挖公司的墙脚；二是喜欢亲力亲为，经常越级指挥，使杰西感觉自己形同虚设。

杰西最需要的，是需求层次中的"自我实现的需求"，以业绩来证明自己，是他人生最大的快乐。

找到问题之后，咨询师把费拉尔和杰西请到一起，分析公司授权和指挥系统方面的问题，明确了作为董事长兼总裁的费拉尔的职权范围和作为副总裁的杰西的职权范围，制定了公司的授权制度以及组织指挥原则。通过他们的共同努力，情形发生了很大的变化。杰西像是变了一个人，做出了出色的业绩，而费拉尔和他成了不可分离的亲密战友。

这个故事很有启发意义：杰西的转变，使他出众的才能得以充分发挥，而促使他转变的关键因素，是重新唤起他对公司的责任感。

实际上，杰西本人是极富责任感的，当然，他的能力也是一流的，但他起初在费拉尔公司里的无所作为和之后的成功表现证明了责任胜于能力。

让我们感到万分遗憾的是，在现实生活以及工作中，责任经常被忽视，人们总是片面地强调能力。

的确，战场上直接打击敌人的，是能力；商场上直接为公司创造效益的，也是能力。责任，似乎无法起到直接打击敌人和创造效益的作用。

人力资源考官在招聘新职员时，关注的总是"你有什么能力"、"你能胜任什么工作"、"你有什么特长"等关于能力方面的问题，而很少关注"你能融入到我们公司的文化中吗"、"你认同我们公司的理念吗"、"你如何理解对公司的热爱"等关于责任的问题。

主管们在分派任务时，也无意识地犯着类似的错误。他们过分强调员工"能够做什么"，而忽视了员工"愿意做什么"。

一个员工能力再强，如果不愿意付出，就不能为企业创造价值，而一个愿意为企业全身心付出的员工，即使能力稍逊一筹，也能够创造出最大的价值来。这就是我们常说的"用B级人才办A级事情"，"用A级人才却办不成B级事情"。一个人是不是人才固然很关键，但最关键的在于这个人才是不是一个真正意义上负责任的员工。

责任胜于能力，并不是对能力的否定。一个只有责任感而无能力的人，是无用之人。责任则需要用业绩来证明，业绩是靠能力去创造的。对一个企业来说，员工的能力和责任都是动态的。

卡尔先生是美国一家航运公司的总裁，提拔了一位非常有潜质的人到一个生产落后的船厂担任厂长。可是半年过去了，这个船厂依然不能够达到生产指标。

"怎么回事？"卡尔先生在听了厂长的汇报之后问道，"像你这样能干的人才，为什么拿不出一个可行的办法激励员工完成规定的生产指标？"

"我也不知道。"厂长回答说，"我也曾用提高奖金的方法引诱，也曾经用强硬的手段威逼，甚至以开除或责骂的方式来恐吓他们，无论我采取什么方式，都改变不了工人们懒惰的现状。他们就是不愿意干活，实在不行就招聘新人吧，让他们走人！"

这时恰逢太阳西沉，上夜班的工人已经陆陆续续向厂里走来。"给我一支粉笔，"卡尔先生说，然后转向离自己最近的一个上白班的工人说，"你们今天完成了几个生产单位？"

"6个。"

卡尔先生在墙壁上写了一个大大的、醒目的"6"以后，一言未发地走开了。当夜班工人进车间时，一看到这个"6"字，就问是什么意思。

"卡尔先生今天来这里视察，"上白班的工人说，"他问我们完成了几个单位的工作量，我们告诉他6个，他就在墙壁上写了这个6字。"

次日早晨卡尔先生又走进了这个车间，夜班工人已经将"6"字擦掉，换上了一个大大的"7"字。下一个早晨上白班的工人来上班的时候，看到一个大大的"7"写在墙壁上。

上夜班的工人以为比上白班的工人干得多，这让上白班的工人准备给他们点颜色瞧瞧！上白班的工人全力以赴地加紧工作，下班前，留下了一个神气活现的"10"。生产状况就这样逐渐好起来了。不久，这个一度生产落后的厂子比公司别的工厂产出还要多。

卡尔先生用一个数字激起了员工对企业的责任意识，巧妙地达到了提升生产效率的效果。而这种责任感使得员工充分发挥出他们的能力，创造出骄人的业绩。

曾任中国外交学院副院长的任小萍说，在她的职业生涯中，每一步都是组织上安排的，自己并没有什么自主权。但在每一个岗位上，她都有自己的选择，那就是要比别人做得更好。

大学毕业那年，她被分到英国大使馆做接线员。在很多人眼里，接线员是一个很没出息的工作，然而任小萍在这个普通的工作岗位上作出了不平凡的业绩。她把使馆所有人的名字、电话、工作范围甚至家属的名字都背得滚瓜烂熟。当有些打电话的人不知道该找谁时，她会问些问题，尽量帮他(她)准确地找到要找的人。慢慢的，使馆人员有事外出时会不告诉

翻译,而是给任小萍打电话,告诉她谁会来电话,请转告什么,等等。不久,同事们的很多公事、私事也开始委托任小萍通知,任小萍成了全面负责的大秘书。

有一天,大使竟然跑到电话间,笑眯眯地表扬了她,这可是一件破天荒的事。结果没多久,任小萍就因工作出色而被破格调去给英国某大报记者处做翻译。

该报的首席记者是个名气很大的老太太,得过战地勋章,授过勋爵,本事大,脾气大,把前任翻译给赶跑了。刚开始时她并也不接受任小萍,看不上她的资历,后来才勉强同意一试。结果一年后,老太太逢人就说:"我的翻译比你的好上10倍。"不久,工作出色的任小萍又被破例调到美国驻华联络处。在那儿她干得同样出色,不久即获外交部嘉奖。

在为公司工作时,无论老板安排你在哪个职位,都不要轻视自己的工作,都要担负起工作的责任来。那些在工作中推三阻四,老是埋怨环境,寻找各种借口为自己开脱的人,往往是职场的被动者,他们即使工作一辈子也不会有出色的业绩。他们不知道用奋斗来担负起自己的责任,自身的能力只有通过尽职尽责的工作才能得到完美地展现。能力,永远由责任来承载,而责任本身就是一种能力。

萨拉想当一名护士,她对一位在地方医院担任夜间领班护士的邻居羡慕不已。这位护士由于工作勤奋,认真完成自己的本职工作,多次获得荣誉称号,萨拉十分渴望自己能够像这位邻居那样做出成绩。萨拉决定向她理想中的目标迈出第一步,即穿上条纹制服,到医院里从事服务工作。

萨拉坚信自己适合干护士工作,因为在她看来,穿条纹制服是那么有趣。她总是跟伙伴们一起叽叽喳喳地聊天,在公共食堂里休息,但在履行自己的职责时则显得拖拖沓沓。病人抱怨说,由于她延长时间在病房里看电视,自己想喝水不得不长时间地等待。不久萨拉受到院方的警告,随后就退出了服务活动。

萨拉在医院的表现状况不佳，对她日后进入护士学校是个不小的障碍。为了证明自己有能力担负起自己的职责，她不得不比同学们付出更大的努力。

护士的工作需要极强的责任感和使命感，这是萨拉所没有意识到的。她把护士工作作为理想，却没有用行动去实现这个理想。

萨拉的故事告诉我们，履行职责是最大的能力。

有一位在一家公司担任人力资源总监的先生讲述了这样一件事情。

2002年10月，其所在公司的营销部经理带领一支队伍参加某国际产品展示会。

在开展之前，他有很多事情要做，包括展位设计和布置、产品组装、资料整理和分装等，需要加班加点。可营销部经理带去的那一帮安装工人中的大多数，和平日在公司时一样，不肯多干一分钟，一到下班时间，就溜回宾馆，或者逛街去了。经理要求他们干活，他们竟然说："没加班工资，凭什么干？"更有甚者还说："你也是打工仔，不过职位比我们高一点而已，何必那么卖命呢？"

在开展的前一天晚上，公司老板亲自来到展场，检查展场的准备情况。

到达展场，已经是凌晨一点。让老板感动的是，营销部经理和一个安装工人正挥汗如雨地趴在地上，细心地擦着装修时粘在地板上的涂料。而让老板吃惊的是，其他人一个也见不到。见到老板，营销部经理站起来对老总说："我失职了，没能够让所有人都来参加工作。"老板拍拍他的肩膀，没有责怪他，而指着那个工人问："他是在你的要求下才留下来工作的吗？"

经理把情况说了一遍：这个工人是主动留下来工作的，在他留下来时，其他工人还一个劲地嘲笑他是傻瓜："你卖什么命；老板不在这里，你累死老板也不会看到！还不如回宾馆美美地睡上一觉！"

老板听了叙述，没有做出任何表示，只是招呼他的秘书和其他几名随行人员加入到工作中去。

参展结束，一回到公司，老板就开除了那天晚上没有参加劳动的所有工人和工作人员，同时，将与营销部经理一同打扫卫生的那名普通工人提拔为安装分厂的厂长。

能力永远由责任承载！

乔治到一家钢铁公司工作还不到一个月，就发现很多炼铁的矿石并没有得到完全充分的冶炼，一些矿渣中还残留没有被冶炼好的铁。如果这样下去的话，公司岂不是会有很大的损失？

于是，他找到了负责这项工作的工人，说明了问题，这位工人说："如果技术有了问题，工程师一定会跟我说。现在还没有哪一位工程师向我说明这个问题，说明现在没有问题。"

乔治又找到了负责技术的工程师，对工程师说了他看到的问题。工程师很自信地说："我们的技术是世界上一流的，怎么可能会有这样的问题？"工程师并没有把乔治说的当回事，还暗自想：一个刚刚毕业的大学生，能明白多少，不过是因为想博得别人的好感在表现自己罢了。

但是乔治认为这是个很大的问题，于是拿着没有冶炼好的矿石找到了公司负责技术工作的总工程师，他说："先生，我认为这是一块没有冶炼好的矿石，您认为呢？"

总工程师看了一眼，说："没错，年轻人，你说得对。哪里来的矿石？"

乔治说："是我们公司的。"

"怎么会，我们公司的技术是一流的，怎么可能会有这样的问题？"总工程师很诧异。

"工程师也这么说，但事实确实如此。"乔治坚持道。

"看来是出问题了。怎么没有人向我反映？"总工程师有些恼火。

总工程师召集负责技术的工程师来到车间，果然发现了一些冶炼并不充分的矿石。经过检查，工程师们发现是监测机器的某个零件出现了问题，才导致了冶炼的不充分。

公司的总经理知道了这件事之后，不但奖励了乔治，而且还晋升乔治为负责技术监督的工程师。总经理不无感慨地说："我们公司并不缺少工程师，但缺少的是负责任的工程师。这么多工程师就没有一个人发现问题，有人提出了问题，他们也不以为然。对于一个企业来讲，人才是重要的，但是更重要的是有责任感的人才。"

乔治从一个刚刚毕业的大学生成为负责技术监督的工程师，可以说是一个飞跃，他能获得工作之后的第一次成功是因为他的责任感，正如公司总经理所说的：公司并不缺少工程师，并不缺乏能力出色的人才，但缺乏负责任的员工。

从这个意义上说，乔治正是公司最需要的人才，他的责任感让他的领导者认为可以对他委以重任。

如果你的领导让你去执行某一个命令或者指示，而你却发现这样做可能会大大影响公司利益，那么你一定要理直气壮地提出来，不要因为你的意见可能会让你的上司大为恼火或者会冲撞你的上司而畏缩。你应大胆地说出你的想法，让你的领导明白，作为员工，你不是在刻板地执行他的命令，你一直都在斟酌考虑，考虑怎样做才能更好地维护公司的利益和领导的利益。

同样，如果你有能力为公司创造更多的效益或避免不必要的损失，你也一定要付诸行动。因为，没有哪一个领导会因为员工的责任感而批评或者责难你，只会因为你的这种责任感而对你青睐有加。一种职业的责任感会让你的能力得到充分的发挥，如此你被委以重任，大概永远也不会失业。

责任感，会让别人对你刮目相看，而这正是一个脱颖而出的好机会。相反，如果你没有责任意识，也就不会有机会了。成功，在某种程度上说，是来自责任。

一家人力资源部主管正在对应聘者进行面试。除了专业知识方面的问题之外,他会问一道在很多应聘者看来似乎连小孩子都能回答的问题。不过正是这个问题将很多人拒之于公司的大门之外。题目是这样的:

在你面前有两种选择:第一种选择是,担两担水上山给山上的树浇水,你有这个能力完成,但会很费劲;还有一种选择是,担一担水上山,你会轻松自如,而且还有时间回家睡一觉。你会选择哪一个?

很多人都选择了第二种。

当人力资源部主管问:"你担一担水上山,想过这会让你的树苗很缺水吗?"遗憾的是,很多人都没想到这个问题。

有一个小伙子选了第一种做法,当人力资源部主管问他为什么时,他说:"担两担水虽然很辛苦,但这是我能做到的,既然能做到的事为什么不去做呢?何况,让树苗多喝一些水,它们就会长得很好。为什么不这么做呢?"

最后,这个小伙子被留了下来。

人力资源部主管是这么解释的:"一个人有能力或者通过一些努力就有能力承担两份责任,但他却不愿意这么做,而只选择承担一份责任,是因为这样可以不必努力,而且会很轻松。我们可以认为这样的人是一个责任感较差的人。"

这道面试题目很简单,但里面蕴含着丰富的内容,往往越是简单的问题越能看出一个人的本质一面。

当你能够尽自己的努力承担两份责任时,你所得到的收获可能是绿树成荫。相反,你若看起来是在做事,但实际上并没有尽心尽力,那你所获得的可能是满目的荒芜。这就是责任感不同的差距。

如果你有能力承担更多的责任,就别为只承担一份责任而庆幸,即使这样会很轻松,但却会为此失去更多的东西。

如果你有能力承担更多的责任,而你庆幸自己只承担了其中的一份,

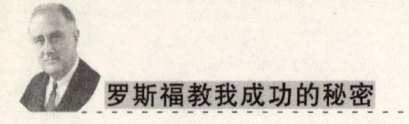

只能说明你是一个不愿意承担责任的人，你拒绝让自己的能力有更大的进步，甚至让自己有所超越；你先放弃了自己，然后放弃了能够承担更多责任的义务。而你辜负了别人的同时也辜负了自己。

你的能力永远由责任来承载，也因责任得到展现，你与成功的距离不但不会接近，还会一天天拉远。

3. "我就像一个在火线不能离开岗位的士兵一样无权退下来"——不履行责任你将一无所有

政治年轮转到了1944年。罗斯福清楚地记得4年前自己在克利夫兰的那次演说。这一次他确实渴望停下来休息。他写信给民主党全国委员会主席罗伯特·汉尼根说："我的灵魂总在呼唤我回到赫德逊河畔的老家去。"

但是，一份有6000多个炼钢工人签名的请愿书上写道："我们知道您很累，但是我们没有办法，我们不能让您退职。"另一封信更深深地震撼了罗斯福的内心："当前世界忧患重重，请不要把我们撇下不管。上帝将您放在世上这个地方，就是要您做我们的北斗星。"

罗斯福的内心波澜难平："险恶的战争已是胜利在望，但战后国际风云必将诡谲莫测，所有同时代的人都远不及我那般洞悉美国政府或世界政治，军事策略和盟国外交都是我经手操办的，何况那个寄托着威尔逊式的梦想的联合国尚在未定之天，历史将在我身后对我作出怎样的评价呢？"罗斯福在致汉尼根的信中说："假如人民命令我继续担任这项职务，进行这场战争，我就像一个在火线不能离开岗位的士兵一样无权退下来。就我自己来说，我不想再竞选了。"

从某种意义上讲，责任已经成为罗斯福的立足之本。

尽管责任有时使人厌烦，但不履行责任，你将一无所有。每个人的发展都不是孤立的，我们与社会各界有着错综复杂的联系，我们需要家人、朋友、同事，需要公司的支持、社会的管理……少了任何一个，我们都无法

顺利发展。只有敢于承担责任的人,才能够得到他人的信任,才会更好地得到帮助。也就是说,一个人发展的资源是社会给予的,我们只有给予相应的回报,承担一定的责任,才会得到更多的帮助,才会在未来的道路上越走越顺。反之,不敢承担责任的人,只会变成孤家寡人,难以在社会上生存。人是如此,企业也是如此。纵观全球,只有勇于承担社会责任的企业,才会得到各方的支持和帮助,如此形成良性循环,企业逐步做强做大。

在"三巨头"分手的前夜,斯大林在宴会上提议为美国总统的健康干杯。他说:"他和丘吉尔先生在他们各自的国家里,相对说来,下定决心还比较简单。这两个国家都是为它们自身的生存而同希特勒德国作战。这里有第三个人,他的国家未曾遭受侵略的严重威胁,也还没有濒临即时的危险,就已多半出于对国家利益的广泛考虑,成为动员全世界反对希特勒的种种手段的主要锻造者。"斯大林还动情地谈到,罗斯福总统最突出和关系最重大的成就就是租借法案。

而罗斯福在答辞中说:"我们这些领导人在这里的目的,是要给这个地球上的每个男人、妇女和儿童以安全和幸福的可能。"

罗斯福、丘吉尔和斯大林都面临着共同的对手。严峻的形势促使观念发生变化。三人为建立协调的战斗合作,从不同侧面以不同方式进行了不懈地、坚韧不拔地、真诚地努力,虽然他们不时在自重和疏远中,对彼此感到过失望,但这种携手使他们比肩立于浊世恶浪中。

所以说,能力差不可怕,有责任心有能力是精英,有能力无责任心坏大事,无能力无责任心是废物。

那么,要如何提高自己的责任感?

我们可以从以下几个方面做起:

第一,明白自己的岗位职责,必须知道自己该做什么不该做什么。很多时候,一件事情的完成靠的不是太强的能力,而是强烈的责任感。你在做事情的时候带着强烈的责任感,那么这件事情肯定能出色地完成。

第二,给自己制定工作目标。你不仅要知道自己该做什么,还要知道应该做到什么程度,时刻牢记自己的工作目标,才不至于半途而废。

第三，热爱本职工作，培养对本职工作的忠诚度。只有热爱自己的工作，忠于自己的工作，你才能对工作有高度责任感，才能以最大的热情投入到工作当中。假使我们对自己工作的态度是被动而非主动，那我们这一生一定都不会有所成就。

第四，努力从工作中找寻乐趣。即使我们只能做些乏味的工作，自己也要设法从这些乏味的工作中找些乐趣。要知道，凡是必须要做的工作总不可能是完全无兴趣、无意义的；问题是在于我们对待工作的态度、责任心如何。因此，任何情形之下，我们都不要对自己的工作产生厌恶。工作占了我们人生的大部分时间，所以一定要认真地去对待，不能做一日，算一日。

第五，不断提高工作热情，加强工作责任心。有责任心的人做每一件事都会坚持到底，不会中途放弃；有责任心的人会按时按质按量完成工作任务，能主动处理好分内与分外的工作，有人监督与无人监督时都能主动承担责任。工作责任心必不可少，在工作中找到了责任感，你的工作自然做得出色。

"犯错误是难免的"
——拒绝借口，勇于负责

罗斯福在1943年年初坦率地向国会承认："第一次处理这样大的事情总需要一个试验摸索的过程，犯错误是难免的……我们从所犯的错误中吸取了教训。我们取得了经验，这使我们今年能够改善战时经济管制的必要机构，能够简化行政手续。"战时体制在经历了开头两年的某些被动、凌乱和浪费的情况之后，渐入佳境，几乎没有了希特勒所嘲笑的"没落而效率低的民主国家"的特征。在这个过程中，罗斯福自觉地负起了医治他提出的行政管理方法所带来的伤痛的责任。尽管他有弱点，但他能应付总统这一职务所带来的挑战。

"犯错误是难免的"，但是，面对错误，与其找出诸多借口，不如坦然承

认,发现自己的弱点并改进,勇敢负责!

1. 与其为寻找借口而绞尽脑汁,不如对自己或他人说"我不知道"

齐格勒说:"如果你能够尽到自己的本分,尽力完成自己应该做的事情,那么总有一天,你能够随心所欲从事自己要做的事情。"

尽自己的本分要求我们勇于承担责任。承担与面对是一对姐妹,面对是敢于正视问题,而承担代表解决问题的责任。

没有面对问题的勇气,就没有承担的基础;没有承担责任的能力,就没有面对的价值。

放弃承担,就是放弃一切。假如一个人除为自己承担之外,还能为他人承担,他会无往而不胜。

有一只猫,总爱寻找借口来掩饰自己的过失。

老鼠逃掉了,它说:"我看它太瘦,等以后养肥了再吃。"

它到河边捉鱼,被鲤鱼的尾巴打了一下,就说:"我不是想捉它,捉它还不容易?我就是要用它的尾巴来洗洗脸。"

后来,它掉进河里,同伴们打算救它,它说:"你们以为我遇到危险了吗?不,我在游泳……"

话没说完,它就被淹没了。

"走吧,"同伴们说,"它又在表演潜水了。"

这是一只可怜又可悲的猫。世界上有许多人和它相似,他们自欺欺人,善于为自己的错误寻找借口,结果搬起石头砸自己的脚。

一个被下属的"借口"搞得不胜其烦的经理在办公室里贴了这样一句

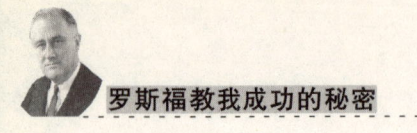
标语:"这里是'无借口区'。"

他宣布,9月是"无借口月",并告诉所有人:"在本月,我们只解决问题,不找借口。"

这时,一个顾客打来电话抱怨该送的货迟到了,物流经理说:"的确如此,货迟了。下次再也不会发生了。"

随后他安抚顾客,并承诺补偿。挂断电话后,他说自己本来准备向顾客解释迟到的原因,但想到9月是"无借口月",就没有找理由。

后来这位顾客给公司总裁写了一封信,表扬在解决问题时得到的出色服务。

他说:没有听到千篇一律的托辞令他感到意外和新鲜,他称赞公司的"无借口运动"是一个伟大的运动。

借口往往与责任相关,高度的责任心产生出色的工作成果。要做一个优秀员工,就要做到没有借口,勇于负责。

许多员工习惯于等候和按照主管的吩咐做事,因为他们认为这样就可以不负责任,即使出了错也不会受到谴责。这样的心态只能让人觉得你目光短浅,永远不会将你列为升迁的人选。

勇于负责表面上是为工作负责、为老板负责,实际上是为自己负责。

勇于负责并不是"盲目负责",如果你一点信心都没有,谁敢让你负责?从人品上讲,勇于负责的是英雄,盲目负责的是蠢货,不负责的是平庸之辈。

休斯·查姆斯在担任"国家收银机公司"销售经理期间,曾面临着一个最为尴尬的情况:该公司的财政发生了问题。在外负责推销的销售人员知道了这件事,失去了工作的热忱,销售量开始下跌。到后来,情况更为严重,销售部门不得不召集全体销售员开一次大会,查姆斯主持了这次会议。

首先,查姆斯请手下最好的几位销售员说明销售量为何会下跌。这些被叫到名字的销售员一一站起来后,都有一个借口:商业不景气、资金缺

少、人们都希望等到总统大选揭晓后再买东西等。

当第五个销售员开始列举使他无法完成销售配额的种种困难时，查姆斯突然跳到一张桌子上，高举双手，要求大家肃静。之后，他说道："停止，我命令大会暂停10分钟，让我把我的皮鞋擦亮。"

然后，他命令坐在附近的一名黑人工友把自己擦鞋的工具箱拿来，并要求这名工友把他的皮鞋擦亮，而他就站在桌子上不动。

在场的销售员都惊呆了，有些人认为查姆斯疯了，开始窃窃私语。这时，那位黑人工友已擦完他的第一只鞋子，开始擦另一只鞋子，他不慌不忙地擦着，表现出第一流的擦鞋技巧。

皮鞋擦亮之后，查姆斯先生给了工友1毛钱，然后发表他的演说。

他说："我希望你们每个人，好好看看这个工友。他拥有在我们整个工厂及办公室内擦鞋的特权。他的前任是位白人小男孩，年纪比他大得多。尽管公司每周补贴他5美元的薪水，且工厂里有数千名员工，但他仍然无法从这个公司赚取足以维持他生活的费用。

"可是这位黑人男孩不仅可以赚到相当不错的收入，不需要公司补贴薪水，每周还可以存下一点钱来，而他和他的前任的工作环境完全相同，在同一家工厂内，工作的对象也完全相同。

"现在我问你们一个问题，那个白人小男孩拉不到更多的生意，是谁的错？是他的错，还是顾客的？"

那些推销员不约而同地大声说："当然了，是那个小男孩的错。"

"正是如此。"查姆斯回答说，"现在我要告诉你们，你们现在推销收银机和一年前的情况完全相同：同样的地区、同样的对象以及同样的商业条件。但是，你们的销售成绩却比不上一年前。这是谁的错？是你们的错，还是顾客的错？"

这时又传来如雷般的回答："当然，是我们的错。"

"我很高兴，你们能坦率地承认自己的错。"查姆斯继续说，"我现在要告诉你们。你们的错误在于你们听到了有关本公司财务发生困难的谣言，这影响了你们的工作热情，因此，你们不像以前那般努力了。只要你们回

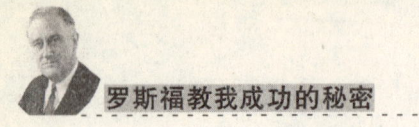

到自己的销售地区,并保证在以后30天内,每人卖出5台收银机,那么,本公司就不会发生什么财务危机了。你们愿意这样做吗?"

大家都说"愿意"并且也做到了。那些他们曾强调的种种借口,仿佛不存在似的。

这个例子告诉我们,借口是可以克服的,只有勤奋努力地工作,你才能找到成就感。

"拒绝借口"应该成为所有企业奉行的最重要的行为准则,它强调的是每一位员工都想尽办法去完成任何一项任务,而不是为没有完成任务去寻找借口,哪怕看似合理的借口。"拒绝借口"是为了让员工学会适应压力,培养自己不达目的不罢休的毅力。它让每一个员工懂得:工作中是没有任何借口的,失败是没有任何借口的,人生也没有任何借口。

2. "努力保持自己的社会良知"——没有一滴雨滴敢对花儿的绽放居功

罗斯福作了被许多被撰稿专家认为是他政治生涯中最精采的演说:

"好啦,我们又在一起了——这是在4年之后——这4年是什么样的年头啊!我的确老了4岁——这似乎使某些人感到恼火。其实,自从1933年我们开始清除堆在自己身上的烂摊子的那个时候算起,我们千百万人都老了11岁。"

他平易近人的话语引起了听众的共鸣,一下子把大家拉回到大萧条与新政的年代。罗斯福超越或透过弥漫的硝烟,把眼光定格于战后的世界格局,为那个寄寓着他的理念和希望的世界和平组织奔走呼号,甚至呕心沥血,并使之初具雏形,充分表明他是一个身负重任而深谋远虑的和平者。他的忧患意识和洞察力实际上远远超过了人们所能理解或观察的限度。

　　一个人可以完全忘掉歉疚，或者带着歉疚生活一辈子，只要他觉得这份歉疚对自己不会有任何影响。可是，任何经历过的歉疚都会像酸醋腐蚀铁做的容器一样，慢慢侵蚀你的心灵，久而久之，你无法再用明亮清澈的眼睛和一颗坦然的心对待工作和生活。

　　有句谚语说得好："没有一滴雨滴认为它们应当对洪灾负责。"还有一句格言："没有一滴雨滴敢对花儿的绽放居功。"责任是一种生存的法则。无论是人类还是动物界，都得依据这个法则，才能够存活。

　　动物园里有3只狼，是一家三口。这3只狼一直是由动物园饲养的，为了恢复狼的野性，动物园决定将它们送到森林里，任其自然生长。首先被放回的是那只身体强壮的狼父亲，动物园的管理员认为，它的生存能力应该比剩下的两只强一些。

　　过了些日子，动物园的管理员发现，狼父亲经常徘徊在动物园的附近，无精打采的，看起来像是很饿的样子。但是，动物园并没有收留它，而是将幼狼放了出去。

　　幼狼被放出去之后，动物园的管理者发现，狼父亲很少回来了，它的身体好像比以前强壮多了，幼狼也不像是挨饿的样子。看来，公狼把幼狼照顾得很好，而且自己过得也很好。管理员决定把剩下的那只母狼也放出去。

　　这只母狼被放出去之后，这3只狼再也没有回来过。管理员解释了这3只狼为什么能重返大自然生活："公狼有照顾幼狼的责任，尽管这是一种本能，正是这种责任让他俩生活得好一些。母狼被放出去后，公狼和母狼共同有照顾幼狼的责任，而且公狼和母狼还需要互相照顾。这3只狼互相照顾，才能够重回自然，重新开始生活。"

　　责任是生存的基础，无论是动物还是人。

　　责任确保了生命在自然界中的延续，那么，责任是否也能确保一家企业在竞争中生存呢？答案是"可以"。

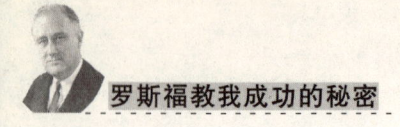

　　管理学家认为，责任首先是员工的一份工作宣言。在这份工作宣言里，你首先表明的是你的工作态度：你要以高度的责任感对待你的工作，不懈怠你的工作，对于工作中出现的问题能敢于承担。这是保证你的任务能够有效完成的基本条件。

　　一个人责任感的高低，决定了他工作绩效的高低。当你的上司因为你工作很差劲批评你的时候，你要首先问问自己：我是否为这份工作付出了很多，是不是一直以高度的责任感来对待这份工作？一个负责任的人是不会给自己的工作交出一份白卷的。

　　没有做不好的工作，只有不负责任的人。

　　一个人承担的责任越多越大，他的价值就越大。所以，你应该为自己所承担的一切感到自豪。想证明自己最好的方式就是去承担责任，如果你能担当起来，那么祝贺你，因为你不仅证明了自己存在的价值，还向社会证明你能行，你很出色。

　　如果你是一名企业的领导，要这样告诉你的员工：你为他们承担的责任感到骄傲，你愿意为他们承担责任，无论是现在还是将来，你都会一如既往地做下去。

　　如果你是一名员工，要这样告诉你的领导：你很高兴能够为企业承担责任，因为这让你觉得对于企业而言，自己并不是可有可无。这样，你便不会懈怠自己的责任。

　　谁在承担责任时都不是轻松的。因为不轻松，所以能够担当责任的人才值得尊敬。

　　一旦你领悟了全力以赴地工作能消除工作的辛劳这一秘诀，就找到了打开成功之门的钥匙。能处处以主动尽职的态度工作，即使从事最平庸的职业，也能增添个人的荣耀。

链接:责任体现在细节中

2003年2月1日,美国"哥伦比亚"号航天飞机返回地面途中,着陆前意外发生爆炸,飞机上的7名宇航员全部遇难。美国宇航局负责航天飞机计划的官员罗恩·迪特莫尔被迫辞职。此前,他在美国宇航局工作了26年,并已担任4年的航天飞机计划主管。

事后的调查结果表明,造成这一灾难的凶手竟是一块脱落的隔热瓦。

"哥伦比亚"号表面覆盖着2万余块隔热瓦,能抵御3000摄氏度的高温,以免航天飞机返回大气层时外壳被高温所熔化。1月16日"哥伦比亚"号升空80秒后,一块从燃料箱上脱落的碎片击中了飞机左翼前部的隔热系统。宇航局的高速照相机记录了这一过程。

航天飞机的整体性能等很多技术标准都是一流的,但一小块脱落的隔热瓦就能毁灭价值连城的航天飞机,还有无法衡量的7条宝贵的生命。一个小小的细节上的错误,就能导致毁灭性的后果。

细节无处不在。从一件小事,就能看出一个人是否有责任感。

有3个人去一家公司应聘采购主管。他们当中一人是某知名管理学院毕业的,一名毕业于某商院,第三名则是一家民办高校的毕业生。在很多人看来,这场应聘的结果显而易见,然而事情却恰巧相反。应聘者经过一番测试后,留下的却是那个民办高校的毕业生。

在整个应聘过程中,应试者在专业知识与经验上各有千秋,难分伯仲,随后招聘公司总经理亲自面试。他提出了这样一道问题:"假定公司派你到某工厂采购4999个信封,你需要从公司带去多少钱?"

几分钟后,应试者都交了答卷。第一名应聘者的答案是430元。

总经理问:"你是怎么计算呢?"

"就当采购5000个信封计算,可能是要400元,其他杂费算有30元吧!"答者对应如流。但总经理却未置可否。

第二名应聘者的答案是415元。对此他解释道:"假设5000个信封,大概

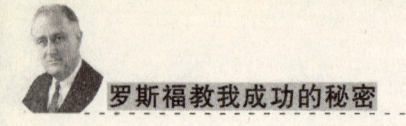

需要400元左右,另外可能需用15元。"

总经理对此答案同样没表态。但当他拿出第三个人的答卷,见上面写的答案是419.42元时,不觉有些诧异。随后他问:"你能解释一下你的答案吗?"

"当然可以,"该同学自信地回答道,"信封每个8分钱,4999个是399.92元。从公司到某工厂,乘汽车来回票价10元。午餐费5元。从工厂到汽车站有1.5公里路,请一辆三轮车搬信封,需用4.5元。因此,最后总费用为419.42元。"

总经理不觉会心一笑,收起他们的答卷,说:"好吧,今天到此为止,明天你们等通知。"

在这里,一个不经意的细节决定了面试的成败。

小事就是细节,关注细节是每一个员工的责任,也是每一个和公司利益相关的人必须关注的。在所执行的职责内,我们应该认真做到客户无小事,公司无小事。

延伸阅读:罗斯福和他的战时经济体制

关于罗斯福的很多传记里都提到,他和他的政府在统制或驾驭战时经济体制方面,显示出了独特、果敢乃至高超的行政管理技巧。

罗斯福利用战时非常时期的情势,利用国会两度授予总统的战时权力法,利用对这种权力法最充分最宽泛的解释,利用战时行政部门在管理行为上的直接性和近便性,打破了美国政治制度发展史上的很多成文规定或惯例,开创了许多时人闻所未闻的先例,而罗斯福风格的管理方式更是让人眼花缭乱,叹为观止。

这一切造成的结果是:罗斯福建立起来的战时体制及其管理方法不仅有效地促使战争目标的实现,而且深刻地变革了美国政治制度本身,它们中的许多内容固化为战后美国政治生活的一部分。

　　战时，罗斯福要处理的事务既多又杂，其中突发性的居多。表面上看，他应对这些事务时杂乱无章，且略显被动。实际上，他不独重视眼前的细节和具体的战术，还喜欢凡事从大处着手，高屋建瓴地概括出行动计划的目标。尔后，他会让属下的人绘制精致的组织图表。这些图表往往在实施过程中很少发挥参考价值的作用，其重要性也许只在于显示总统对该事务和负责规划的人的重视。罗斯福真正感兴趣的是那些雷厉风行、忠实于自己，并且效率很高的人，而个人主管机构则是次要的。

　　在战时，人们时常抱怨记不住罗斯福那层出不穷的代称各种临时机构的英文缩写字母，这些机构出台的随意性及其职责权限上的含混、重叠或交叉，时常引起共和党对手的抨击。事实上，这正是罗斯福式管理方式的有效和高明之处。

　　罗斯福本来似乎可以不必设那么多管制战时体制和处理战时事务的临时机构，因为依政治传统沿袭下来的华盛顿的那些政府职能部门及其他常设机构，有能力或余力担负起这些使命。但是，罗斯福从来就对固定组织所形成的框架结构不感兴趣，他不愿意过分强调一种严密而规范的行政节制系统，并认为这将窒息他所喜爱的那种生机勃勃的局面，依照机械原则建立的固定组织结构无法适应战时变幻无常的事态，更无法预测和控制未来。相反，富于想象力的试验和灵活的临时机构能做到这一点，因为未来是从趋势、可能性、偶发事件和机遇中产生的，是可以被影响的。

　　罗斯福侧重于从人而非物的角度来看待行政管理，决定了他的授权方式。情况往往是这样推进的：罗斯福理直气壮地要求国会通过自己提出的法令草案，在战时这要比平时容易得多；然后，依照法案的精神给将要设置的临时机构规定一个框架性的职责和权限，随即任命经过他反复筛选、再三斟酌甚至痛苦取舍后所找到的人选，来全权负责该机构的工作。至于该机构的具体活动他一概不管，除非它们同他的情趣相关或者他极熟悉其业务（譬如海军、船舶方面的），他才会刻意展示自己的特长——对技术性细节的洞悉和枯燥数据的熟识——往往起到崇敬权威的轰动效应。他敢于放手领导，却从不对他们许下诺言。他让他们尽情尽兴地发挥个性特长，以高度的自尊保持一种明确的超然态度，与这些事务保持一定的距离。由于这些机构都直属于总统管辖，他很自然地在他们中间营造出一种领袖的超凡魅力，使他们感到只有总统才是所有不断发展着的事态的中心。

罗斯福往往会让周围人都知道将有某个机构要设置，而自己则不动声色地开始物色人选。在这一过程中，他对谁都不明确许诺，尽量掩饰自己的思想过程，而有趣的是，总有几个人认为自己就是当然的候选人。任命总在最后一刻宣布，罗斯福乐意较长时间地控制任免权，以此作为增强对总统向心力的工具。

罗斯福曾经多次把个性、政见和才能截然不同的人放在一个机构里，或者让他们同做或先后做一件事。如让威廉·努森这个产业界巨子和西德尼·希尔曼这个工会领袖共同领导生产管理局，任务是配合总统推动和控制战时生产。

战时经济体制给美国带来了战时繁荣。自大萧条以来长期难以整治的经济顽症在一一消失。原来国内经济捉襟见肘，现在出现了大量游资。《时代》周刊称："美国骤然富起来了——似乎全国各地一下子富起来。"低收入家庭的生活比战前有了明显好转。这种情形相较于整个欧洲国家，简直有着天壤之别。

由罗斯福政府创建并控制的战时经济体制，使美国名副其实地充当了"民主国家的伟大兵工厂"，为第二次世界大战的胜利起到了决定性的前提作用。

第六章

他的原则

成功的道路有很多条,但是成功的目标往往只有一个。

成功的方法有很多种,但是成功的原则往往只有一条。

不管是国家还是个人,想要取得成功,最重要的是明确成功的目标,而且选择达成这个目标,两者缺一不可。

善于立志的人非常普遍,遵守原则的人同样不罕见,但是如果这二者分开,就等同于一个夸夸其谈的人,一个按部就班的人;有方向感的人很多,精于稳扎稳打的人也很常见,不过大部分目光远大的人,往往不懂得怎么一步步接近自己的目标,而步步为营的人往往拘泥于脚下的方寸之地、难成大事……

其实许多平凡人身上有许多和声名赫赫的成功人士一样的远大抱负和吃苦耐劳的精神,但是为什么成功女神没有青睐他们?

原因是成功者往往能同时启用目标和原则。就像罗斯福说的:"人生就像打橄榄球一样,不能犯规,也不要闪避,而应向底线冲过去。"

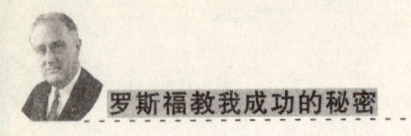

"向底线冲去"是目标

"当30年代的沙尘暴和大萧条使人们感到绝望时，他看到一个国家用新政、新的就业机会以及对新目标的共同追求战胜恐慌。是的，我们能做到！"奥巴马在胜选第四十四任美国总统后的演讲中如是说。这是奥巴马在临危受命的时刻，记起的富兰克林·罗斯福的话。

罗斯福对人生有一个形象的阐释："人生就像打橄榄球一样，不能犯规，也不要闪避，而应向底线冲过去。"这一句话准确地表达出了目标和原则的重要性。"向底线冲去"是目标，"不能犯规"是原则，只有站在二者的"汇合点"上才能参悟"成功"二字朴素而永恒的精髓。

1. 目标的确立和表达——"无论居住在哪里，这个国家的人民都将了解这个目标"

"那是我们的目标，无论居住在哪里，这个国家的人民都将了解这个目标。"这是罗斯福1932年7月2日于芝加哥民主党国家大会上的讲演。

这句话诞生的历史背景是：大萧条中，美国社会产生了两种不同类型的受难景象：一个镜头是受干旱打击的农民无助地站在荒芜颓废的土地上；另一个镜头是城市居民纷纷失业，窘困地窝在家里，或者茫然地在大街上奔走。在当时的许多人看来，这两幅图画毫不相干，但是罗斯福在这种愁云惨淡的局面中，提出了自己的目标：工业农业要团结起来，共渡时艰。这个目标一提出，招致许多非议：农民的困难同城市居民明显不同，劝

说绝望的城市人和农民去帮助对方似乎是不可能的。

但在罗斯福看来，组成国家的两部分最终的力量——工业和农业是相互依存的、融为一体的，这一点很重要。

"我知道，"罗斯福在1932年民主党国家大会上宣布，"在这个礼堂里，每一位来自城市的代表都知道我为什么把重点放在农民身上。因为我们人口的一半，超过5000万人通过从事农业活动生活。我的朋友们，如果这5000万人没有钱、没有现金去买城市制造的产品，城市人遭受的痛苦将有过之而无不及。"

根据以上的分析，罗斯福进一步做了所有高效的成功者会做的事，设立了一个明确、有价值的目标：

"这就是为什么我们将使今年的选民认识到——这个国家不只是一个独立的国度；如果我们要生存，她还是一个内部相互依靠的国度城与镇，北部和南部，东部和西部。那是我们的目标，无论居住在哪里，这个国家的人民都将了解这个目标。"

基于这样一个思路清楚、明确的目标，美国才能在这个伟大领导人的带领下，冲出经济低潮。让我们一起来学习罗斯福的目标和原则。

首先，目标需要完美的确立。

法国前总统萨科奇的成功之路，就是对"目标"决定人生的一次精准诠释。

萨科奇出生在法国巴黎一个移民家庭，父亲是匈牙利移民，母亲是法国人。他的名字带有明显的外国人特征，这使他从小就受到歧视和嘲笑。10岁那年的一天，萨科奇骑着心爱的山地车在郊外潇洒地穿梭。几个和他年龄相仿的孩子拦住他，命令他下车。个孩了一把夺过他的山地车，猛摔在地上，其他几个孩子纷纷用脚踹车轮。萨科奇眼里满是屈辱的泪水，想冲过去拼命，但他没有足够的勇气，只能眼睁睁地看着心爱的山地车被践踏了足足10分钟。领头夺车的孩子指着他的鼻子说："你这个外来的小崽子，不配骑山地车。"说完扬长而去。

萨科奇看着伤痕累累的山地车，不停地哭，直到傍晚时分父亲找到他。他拽着父亲的衣襟，哭喊着问："为什么我总是受欺负？为什么我不配有山地车？"

父亲帮他擦去泪水，问："你反抗了没有？"

他摇摇头。

"为什么不反抗？对于那些带给你屈辱的人，你应该勇敢地还击。"父亲一边说一边扶起地上的山地车。

"他们一齐来欺负我，我从来都是一个人，他们说我是外来的小崽子。"他委屈地说。

"外来的小崽子又怎样，没权利骑山地车吗？不，别说骑山地车，就是总统也一样可以当。"父亲大声地说着，把被毁坏的山地车扛在肩上，显得那么有力和威武。

年仅10岁的萨科奇不太理解父亲的话，但他知道总统是一个国家中最有权力的人。他想，没人敢把总统的山地车摔倒在地，更不敢用脚去踹。那天晚上，他在日记本里写下这样一句话："我不是想成为总统，而是我必须成为总统！"幼小的心田里种下了一颗梦想的种子——成为总统。他害怕受到嘲笑，没有把梦想告诉任何人，因为连他自己都觉得这个梦想有点奢侈。

萨科奇12岁那年，父亲失业，家里的境况越来越差。没办法，萨科奇只能常常去一些酒馆帮忙，讨些好吃的饭菜。家里没有电，他就在木墩上垫上一块羊皮，坐在煤油灯下苦读。只要有书读，不论多苦，他都不在乎。在他看来，读书是改变现实的唯一办法，有知识的人才可以当总统。

然而，现实再次给这个少年沉重的打击。15岁那年，家里实在拿不出钱来供他读书。告别学校的那天，他眼里流出绝望的泪水。他对父亲说："爸爸，我没什么希望了，再也没什么希望了。"

父亲没说一句安慰的话，反而怒斥他："不许你说这样的话，你的未来还很长，你现在就绝望、认输了？这不是我的孩子。"

萨科奇说："我不认输，可是我有什么办法？"

"孩子,要改变现实,就必须先勇敢地面对现实。否则,你一辈子只能这样——贫困而可怜。"

听了父亲的话,萨科奇擦干眼泪,重新开始。放羊、当乐队号手、做泥瓦匠、当糖厂工人……他饱尝生活的艰辛,还有社会对移民者的歧视和虐待。他哭过、泄气过,但没有退缩。在半工半读的情况下,他考上巴黎政治学院。毕业后,他进入政府部门的愿望没能实现,一名校友拉他一起做生意。

经过近十年打拼,他和校友有了公司,固定资产近亿法郎。在生意场上春风得意的他,却转身离开,去参加议员选举。当总统的梦想一直在他心里蓬勃地生长。

校友带着公司的几位董事到他家里劝他。他拿出一本发黄的日记,翻到其中一页说:"你们看,这里记载着我的梦想,尽管我从来没对任何人提起过,但它一直在我心里。我要去实现它,请祝福我吧。"

校友和董事们没有再劝他重回公司,而是用掌声鼓励他去参加议员选举。从此,他走上从政之路。萨科奇的仕途并不平坦,遭遇过不少风波和危机,但他都挺了过来,从不言退。

在2007年5月6日举行的法国总统选举第一轮投票中,人民运动联盟主席萨科齐胜出,当选新一任法国总统。萨科齐,一个在日记本里写下"我必须成为总统"的孩子,通过无数次地确立目标,最终实现了这个诺言。

测试:你是一个善于制定人生目标的人吗?

坐出租车的时候,你在座位上看到有一部被人遗失的手机时,认为它是——

1.一部名牌智能手机;

2.一部普通的手机;

3.一部坏掉的旧手机。

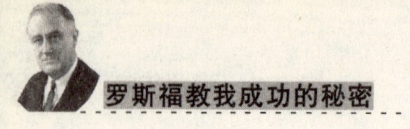

答案：

1.你对未来有无限憧憬。你认为生活是一扇正要打开的窗子，有很多的想象空间，但未免有些好高骛远、眼高手低。

2.你是一个容易彷徨的人，经常站在岔路口。你有不只一个目标，所以往往不知该先朝哪一条路迈进。建议你多听听前辈的宝贵意见，再做定夺。

3、你是个对未来方向十分明确的有志之士，没有无谓的幻想，一切从实际出发。既然锁定了目标，就别停止脚步，勇往直前吧！

其次，目标需要完美的表达。

在确立了目标后，面对世界，仅仅陈述一个目标是不够的。那个目标能否实现，在很大程度上取决于它是被如何表述的。在罗斯福诠释自己期待工农合作的目标时，他不是说"我们应该让选民们理解"，而是积极地宣称："我们将使选民认识到。"

一个有效力的领导人会用"我们将做什么"来替代"我们应该做什么"的表述。罗斯福确信，他的听众们理解他设立的目标实际上是"我们"的目标。

他以给"我们"下定义的方式来结束讲演，而"我们"涵盖了"这个国家所有的人民，无论他们居住在哪里"。以往的政客们习惯于将"我们的人民"进行特定的划分：芝加哥(Chicago)的人民、斯涅尔(Snellville)的人民、农民们、矿工们、洗车工们，不一而足。但是罗斯福的演说却抹除了这些疆界，用"我们"这样一个字眼，准确地把自己渴望被支持、被响应的目标，传递给所有美国人。

一个善于设定目标的人，一定要懂得清楚地表达目标，一定要设立并清楚地表达"我们"这一目标，就像罗斯福确信人们已经明确理解目标，确信"我们"包括有可能帮助自己实现这个目标的每一个人。

在凝聚所有美国人的时候，罗斯福曾经说过这样一句名言："这一代美国人同命运有了一个汇合点。"这是他在1936年民主党全国大会前夕的

讲话。

罗斯福在这次民主党大会上的精彩演讲深入人心，阐述了自己领导思想的核心——领导建立在慈善事业上。这体现了名副其实的慈善精神，因为慈善最初的字面含义是爱。

在1936年的那场演讲中，罗斯福还向人民发表了一段鼓舞人心的演说：

人类活动有一个神秘的轮回。有些年代的人被赋予很多，有些年代的人则被寄予太多期望。而这一代美国人同命运有了一个汇合点。

伟大而勇敢的领袖毫不畏惧地告诉我们"我们"是谁，今天鲜有领导者在商业、政府或社区等场合冒险去做这样的评价，但追随者恰恰需要他们的领导者做出这样的评价，领导者的职责之一就是界定社区、组织和企业。

我们试图在领导者身上寻找自己。伟大、勇敢的领导者不会让我们在寻找中失望！

开始第二任期的罗斯福十分清楚，大萧条仍是美国人生活的很大一部分，在大危机时代为一个共同的目标做出一致有效的努力很困难。在这样的时代中，任何一位出色的领导者至少会感激一件事：激励。但危机过后，保持连贯性和有效的努力需要的不仅仅是卓越的领导力。在缺乏非凡的激励的情况下，真正的激励型领导需要保持对组织内成员的激励行为。如果恐惧是领导人必须克服的第一个大障碍，那么沾沾自喜就成为第二大障碍。

罗斯福的领导工作经常体现在监督和反映进步上，他向人民证明他们的整体目标正在逐步接近。他从不描绘美好图画，而是展示真正的进步。为了监督和反映进步，在第二次就职演说中，他强调美国还要继续走多远而并非已经走了多远。罗斯福常常抓住听众的心，像一个老成的推销员，知道如何确保他的计划得以实现。他通过提问，而非告诉他们该怎样想、怎样感觉或怎样做的方式,来引导听众自己得出"推销员"预期的结论。

但与"推销员"不同的是,罗斯福不希望他的听众回答他。他有意识地不告诉听众任何东西,而是展示给他们看。他做了一份报告,以有力的字眼"我看到了"作为开篇:

我看到了一个伟大的民族,在一块伟大的土地上被丰富的自然资源所滋养。她的人民和平共处、睦邻友好。我看到了一个联合的王国,在政府的民主领导下,国家财富能够造福的人群之广泛迄今不为人所知,它带来的最低的生活水平已经远远超过了仅能维系生活的层次。

这是美国的潜力,被鲜明地呈现出来。接下来是与现实的比较:

但我们的民主面临的挑战是:在这个国家里,我看到千万人民,占总人口很大的一部分,在此时被剥夺了生活必需品,这些生活必需品是今天的最低生活标准。

他继续举出眼前的例子:

我看到千百万靠着微薄收入生活的家庭,不幸随时会降临到他们的头上。

我看到城乡有千百万人一直生活在窘境之中,在半个世纪前,所谓的上流社会认为这种窘境是很不体面的。

我看到千百万人无法接受教育和享受娱乐,没有机会去改变自己和孩子的命运。

我看到千百万人没有能力购买工厂和农场生产的产品。

我看到国家有三分之一的人口身居陋室,衣衫褴褛,营养不良。

作为监督者和镜子,领导人需要有力地亲自呈现事实。罗斯福让越多的事实为自己说话,证明国家正在离大家一起追求的目标越近,就越有说服力。

然而,不管有多好的口才,领导者都不应仅仅列举事实。有效的领导应呈现事实,让事实说话,然后指明方向:

我不是在绝望中,而是在希望中为你们描绘图画,因为国家看到并明白其中的不公正,主动把它描绘出来。我们决心使每个美国人成为国家的利益和关心所在。我们不会认为在我们的疆域里,忠诚和遵纪守法的种族是多余的。

然后,罗斯福提出了用来衡量国家及其民主进步的真正标准。

我们检验进步的标准不是看我们给富有者又增加了什么,而是看我们为弱势群体做的是否到位。

富有感召力的成功者,不需要时刻阐释目标达成之后的举措,只需要准确地对当前情况进行有力评价,清晰描绘我们现在在哪、我们的潜力、我们能够做到什么程度;有感召力的人在呈现现实情况的同时,还应呈现出提高的潜力。同事或者下属受到的鼓舞不是来自这些话语本身,而是来自于他们自身的公正感、成就感和完美感。富有感召力的目标诠释,不是最好做什么、想什么或相信什么,而是允许我们看到最好的东西。

2. 六个步骤:哈佛优等生教你表达目标

在进行特定目标激励的时候,我们完全可以借鉴一些成功的话术技巧,提升表达能力和感染力。罗斯福曾经是哈佛的优等生,而在哈佛的社

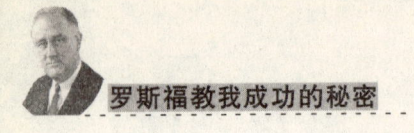

交课程里,科学性、系统性地将提高话术归结为六个步骤。

实际说话可能更加复杂,所以这六个步骤可以根据需要变换顺序。

(1)用简洁有力的语言表达你的意思

我们的时代是一个快节奏的时代,因此,说话的人切不可沉溺于冗长、闲散的绪论之中,而应在适当的开场白之后,开门见山地把自己的意思说出来。

现在的人们都很忙碌,他们希望说话的人能够以非常直率的语言一针见血地指出自己想要表达的意思,而不是不停地设置悬念。

他们希望听到的话像麦迪逊大街上的广告一样——那些广告借助招牌、电视、杂志和报纸,通过一些简洁有力的词语,告诉人们发布的信息。他们没有耐心等你结束全部的讲话。因此,你只有在一开始的时候,就告诉对方你要讲的是什么,才能让对方明白你所要表达的意思。

有些说话的人喜欢在一开始用陈词滥调来引起对方的注意,这类话听上去就让人生厌。比如,如果你想表达你的关心,应直接告诉对方:早上不吃早餐有损身体健康。

(2)巧用实例说明你的意思

当你说出了自己想要说的话后,需要对你的话进行适当地解释和说明。你可以进行纯粹的理论上的说明,但更好的办法则是运用实例去说明。这一步骤是对前一步骤的深化、详述,因为仅仅一句话是不能让对方明白你的意思的。

你要把自己要讲的主题用一种实例的形式告诉对方。通过这个例子,你可以生动而具体地说明自己想要向对方传达的内容。当然,你所举的例子必须是足够说明这个问题的。如果例子不合适的话,会起反作用。

(3)表达意思的理由

这个步骤对你来说十分重要,甚至可以说是最重要的。因为每个人都有自己的观点,重点在于,你如何去说明、论证这个观点。

如果说"是什么"是你的观点的话,那么"为什么"就是产生这一观点的原因。

卡耐基训练班的某位学员就"在寒冬开车需要更加小心"这个主题，在进行了许多说明后，又举了下面这个例子：

1949年冬天的某个早上，我带着我的妻子和两个孩子在印第安纳州沿着41号公路开车北上。那时候，车子在镜片一样的冰上缓慢地行驶，我小心翼翼地把着方向盘，因为一点小问题就会使整部车子失去控制。

我们的车子在冰上开了好几个钟头之后，来到了一处较宽阔的马路。这时候，路上的冰已经被太阳晒得融化了。因为赶时间，我踩动了变速器。其余的车子跟我一样纷纷加速，似乎每个人都急着赶往芝加哥，孩子们则高兴地在车子的后座唱起歌来。

马路的上坡处深入到一片林地。车子爬上坡之后，下坡的地方因为被林地的树木挡住了阳光，冰还没有融化。我意识到危险来临了，想减速，但是已经来不及了。我前面的两部汽车急剧地往下冲，我的车子也一样。我们滑过路肩，停在了一处雪堤之上，幸运的是，车子并没有翻。但是紧跟着我们滑行而下的车子，却正撞在我车子的侧面，车门被撞坏了，车窗玻璃纷纷落在我们身上。

怎么样？这段描述是否能够说明他的观点？这位学员所举的例子真实而又生动，正是我们在论证的时候所需要的。

(4)完美地表达你的意思

这个步骤是让你从对方的角度出发，进一步说明和解释你的意思。也许对方会对你所说的话表示反对，并提出几条意见来反驳你。你最好在对方提出反对意见之前，想到他们可能会有的意见。

你必须对你的意思进行自我否定，然后去说明这个否定是错误的，并且说明错在什么地方，这样你才能使它更加可靠。经不住质疑的意见是不稳固的意见，并且很有可能是错误的。当然，这种思考工作必须在你准备说话之前就已经做好了。

(5)站在对方的立场上来表达你的意思

许多推销人员都在推销时说明了自己产品有很多好处，但是并没有太大的起色。这是因为，他说的固然有道理，但是可能跟顾客根本没有任何关系。对对方而言，最重要的不是道理，而是这个道理跟他是否有关系。如果他得不到任何有益的东西，就一定不会对它感兴趣。因此，你有必要告诉他，你说的这个道理跟他有什么关系。你最好找一个最适当的理由，来打动对方，让他们不但同意你的意见，还会在你的意见下去行动。

(6)切记，适当地重复必不可少

有些人讽刺说："在你结束你的说话之前，提醒一下那些已经睡着了的人们该醒醒了。"结束语的作用当然不是如此，但是如果真的有人睡着了，你强调一下自己的意思，至少能起到一定的作用。因为在现实中，即使你说得非常精彩，你的主要观点也可能因为对方的才智问题、知识水平等问题，或者单单因为你的说话时间过长，被他们所淡忘。

因此，适当地重复能起到很好的沟通效果，对你对他人都有好处。不要嫌麻烦，这是有效沟通必不可少的一环，也是有效地表达必不可少的步骤。

罗斯福的"橄榄球底线"
——"自私的胜利总是注定失败"

"自私的胜利总是注定失败。"1933年5月16日，在裁军成为世界各国热议的话题之时，罗斯福留下了这句发人深省的话。

在多数交易活动中，无论是国家、企业还是个人的旧观念都认为：一方胜利必然意味着另一方失败；一方对一个地区失去影响必将导致另一方对这个地区产生影响。这种用"零总量"的观点看待成功是极端错误的。

商业活动在社会范围内开展，是价值交换的过程。在人类活动的社会中，真正的成功是无私的，是所有相关者的共同胜利。因此，对于设立的目

标,我们必须遵守原则,有几种底线是我们不能逾越的。

1. 目标设立的原则——真正的成功是无私的

面对国内各类反对派的攻击,罗斯福坦率地声明,自己既不打算成为一个独裁者,也不具备一个成功的独裁者应有的素质。他指出:"自由得以继续存在的唯一确实的屏障就是一个坚强得足以保卫人民利益的政府,以及坚强而又充分了解情况足以对政府保持至高无上统治的人民。"

在这个被斗争与混乱惊惧震撼着的世界,罗斯福明晰坚定的声音,无异于给美国人民乃至世界人民吃了颗定心丸。

罗斯福十分懂得目标设立的原则,懂得"真正的成功是无私的"。在选举中,选民充分认识到他的政绩,没有用求全责备的挑剔眼光去看待他那些未完成的目标。

撇开政治因素不谈,他设立目标的很多做法和精华,值得任何一位希望成功的人士参考。

A.可行的

就你的能力和特点而言,实现这个目标是现实的、可能的。如果你的外语一般、专业课成绩中等,你选择考北大热门专业,无异于天方夜谭。

B.可信的

高成就者们常通过设立目标来激励自己,但他们设立的目标再困难也不会难到使自己失去完成它的信心或连自己也不相信能完成的地步。

你要真的相信自己能完成这个目标,对自己的能力非常有信心,相信自己能够在设定的时间内完成它。

C.可控的

这主要是指你对一些可能会最终影响到你实现目标的因素的控制能力。对此,你用什么方式来表达自己的目标非常重要。

如果你说"我的目标是在IBM公司获得一份工作",就违反了可控性的

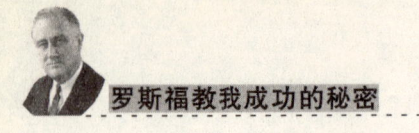
原则,因为这种表述方法忽略了被拒绝的可能性。而"我的目标是在下周三之前向IBM公司申请一个职位"就是一个可以被接受的目标,因为你能控制相关的因素。

依靠他人的帮助来实现自己的某一目标是有风险的,因为你可能会忽略目标设立的"可控"原则。

如果你的目标关系到他人,那你就有必要邀请他们参加你的计划,以争取同他们合作。

D.可界定的

这是指你的目标必须以普通人都能理解的口头语言或书面语言表达。

一个长期目标的用词必须仔细推敲,这样你才有可能将它进一步分解为一系列的环节或短期目标。

有时你会感到表述一个目标非常困难,因为那需要你把抽象的感觉变为具体、清晰的陈述,如:我想当一位作家。

E.明确的

这是要求你只陈述某一特定的目标,并且在一段时间之内只集中精力于这一个目标之上。同时,这个指导原则要求你非常慎重地遣词用句。

你可以说你的目标是要装修房间。这很好,但是"装修"到底是什么意思?是刷漆、修缮、重新布局、买新家具、换墙纸、打扫卫生等所有的这一切,还是只是其中一项或是别的什么事情呢?

在一段时间之内不能集中精力于一个目标上的危险在于:在接近最后期限的时候,你发现自己一个目标也没能完成。

F.属于你自己的

这是指你制定的目标应该是自己真正想去做的事情,而不是别人强加给你的。当然,在你的生活中一定有些事是你无论喜欢与否也必须去做的,但你的生活中还有另一个很重要的部分——自己选择的想要去完成的事情。

G.促进成长的

这是指你的目标应该是对自己和别人均无伤害。如果你设立在凌晨1点砸碎10家商店玻璃窗的目标，将会自讨苦吃。

Q.可量化的

这是指你的目标要尽量以一种能够用数字加以衡量的方式来表达，而不要用宽泛的、一般的、模糊的或抽象的形式表达。只是说"我会更加努力地打好网球比赛"或是"我的目标是更好地利用时间"是远远不够的。

你该怎样衡量"更加努力"和"更好"呢？你需要用一种可以衡量的方式来表达自己的目标，例如"我的目标是在下个星期二晚上11点之前写完11页实验报告"。

当下个星期二到来的时候，你就会知道自己是否实现了目标，因为在设立目标的时候你使用了可以测量的单位。你要有一个可以衡量成功或者失败的标准，以此来准确评价自己的目标。

你可以把当前的目标留着，或是对部分目标进行调整，如果你认为有必要，也可以把它彻底放弃。

2. 目标应遵循的底线——尊重别人才能有真正的自己

罗斯福以高难度的政治技巧，避免了内部派系之争所可能招致的灾难。而后，他像机敏的猫一样选择妙到毫巅的时机，给予对手干脆利落的回击。有人将他运用的这些政治"魔术"称之为"奇妙的罗斯福风格"。

罗斯福和大多数成功人士都深深明白一个道理，那就是"尊重别人才能有真正的自己"。与其"你死我活"不如"你好我也好"这个原则，是我们设立目标应该遵循的底线。具体来说，它可以这样解读。

底线一：一定要先了解真正的别人，才能成就真正的自己

1969年，杰克·特劳特提出了举世无双的"定位理论"，转眼四十多年过去了，大多数商人依然不明白"定位"究竟是什么。其实，答案很简单，"定位"就是我们提出的目标设立的底线——"不能了解真正的别人，就不会

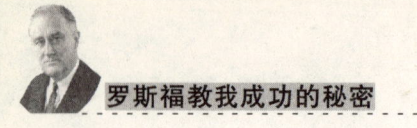

成为真正的自己"。

对于商人来说,任何一家企业的最终目的都只有一个——占领市场,而占领市场最有效的手段就是赢得顾客的青睐,因此,了解自己的顾客才是问题的关键。

其实,这一点从"企业定位"的定义中也能看出些端倪:"企业定位是指企业通过其产品及其品牌,基于顾客需求,将其企业独特的个性、文化和良好形象,塑造于消费者心目中,并占据一定位置。"简而言之,即是让我们的产品在消费者大脑中占据一定的位置。要做到这一点,我们首先要做的就是了解消费者,俗语有云:知己知彼,百战不殆。不了解消费者,又怎么能够获得他们的青睐呢?

放眼中国市场,失败的产品与平庸的企业比比皆是,它们的错误往往在于没有给企业一个准确的定位,如有着"国酒"之称的"茅台",由它衍生出来的"茅台啤酒"与"茅台干红"都以营销失败而告终,这是因为它们与消费者所认知的"茅台"——高档白酒,产生了巨大的冲突,进而失去了在消费者心目中的位置。"快活林"提出的"姜茶养胃不上火",由于跟消费者对生姜辛辣上火的认知产生了冲突,导致最后的失败。

当然,企业定位成功的案例也不胜枚举,如"可口可乐"公司通过"可口可乐"、"雪碧"、"芬达"等饮品告诉消费者,自己是一家实力雄厚、生产质量卓越、充满美国文化的超级跨国企业;"宝洁"公司也通过一系列清洁洗护用品,给消费者留下了卓越日用工业品生产商的企业形象。

可以说,没有定位的品牌是不会成功的。那么,成功定位的奥秘又在哪里?在于找位、选位、到位过程中的科学管理,在于找到并实现目标消费者的需求与期望。任何时候,企业能够准确定位,就能够成为每个人都需要的"软肋",而不是食之无味弃之可惜的"鸡肋";就能够在商业游戏中领先一步,更快到达成功的彼岸。

如想成为一名成功的商人,你必须时刻牢记一点:任何一件产品的出现,都是为了满足顾客的需求。

提起"假日旅馆",人们都不会陌生。它是一家著名的美国连锁汽车旅店,由建筑商凯蒙斯·威尔逊先生创建于1952年。目前,"假日酒店"已经成为世界上第一家达到10亿美元规模的酒店集团。它不但遍布美国高速公路可以通达的地方,还矗立在世界多个角落。"假日酒店"之所以如此成功,因为创建人威尔逊给了它一个准确的定位:满足顾客所有的需求。

威尔逊对假日酒店的正确定位,来源于他的一次糟糕旅行。1951年,威尔逊带着家人兴致勃勃地驾车来到华盛顿,打算在此度过一个愉快的假日,可那里的汽车旅馆让他大失所望:房间破旧简陋,日用品又脏又黑,甚至还发出一阵刺鼻的霉臭。当家人想洗澡休息一下时,这里竟没有这样的服务,也没有孩子们玩耍的场所。尽管如此,这家旅店的房租也贵得惊人,除了每晚10美元的住宿费之外,每位小孩每天还要交2美元的小费……

面对如此糟糕的住宿条件,威尔逊与自己的家人毫无兴致,最后,假期还没有结束,他们便匆匆地打道回府。这个糟糕的假期,让威尔逊憋了一肚子气,但商人的本能使他很快平静了下来。这时,一个大胆的构想出现在他的脑海之中——创办一家能满足顾客所有需求的汽车旅馆。

有了这种想法的威尔逊开始调研。经过调查他发现,当时美国汽车旅馆服务设施与服务质量普遍低劣,因为这类旅馆大多都是战争时期的产物,而那时的旅馆根本不愁没有旅客,仅荷枪实弹的军人就已经将所有的廉价旅馆都挤满了,因此旅馆的老板从没有考虑过设施的更换或提高服务质量。

由于美国经济飞速发展,乘坐火车外出的人已经越来越少,很多商人与旅客都是自己开车四处游逛。威尔逊想:如果自己开一家汽车旅馆连锁公司,为那些喜欢开车沿公路观赏风景、消磨时光的旅客提供优质的食宿与周全的服务,一定能够取得成功。

说干就干,威尔逊开始为自己的旅馆做具体规划:汽车旅馆一定要分布在公路沿线上,使经过公路的每一个人都能看见它;旅馆不但要给旅客提供理想的住宿条件,还要为旅客提供享受的场所;新旅馆的房间一定要设计得光线明亮、空气流通、色调柔和,以使旅客产生亲切感;旅馆的房间里还要安装空调与电视机,使饱览沿途风光后的顾客能舒适地观看节目;不仅如此,每一个房间里还要装电话;旅馆内要安置冰淇淋机与自助饮料贩卖机,以便随时为顾客提供服务;旅馆餐厅的设计要豪华、漂亮,以增进顾客的食欲;餐厅的菜肴要包罗万象,从小孩喜欢的牛肉饼到大人喜欢的牛排都必须准备,并且价格要合理;旅馆对小孩绝不额外收费,还要为孩子们准备一个可以尽情嬉戏的游泳池;旅客的小狗们也会有一个免费狗舍……

1952年,威尔逊将自己的设想变成了现实,他在进入孟菲斯主要干道之一的夏日大道上,建造了自己的第一个汽车旅馆,他为自己的旅馆取了一个温馨的店名:"假日酒店"。不久,开车外出的旅行者们便发现了这个想顾客所想的新型旅店,经顾客们的口碑相传,"假日酒店"的生意越来越红火。

从那以后,"假日酒店"成为旅行者们的首选,而大多数顾客在这里住了一次就都变成了常客。在"满足顾客所有需求"的经营理念之下,"假日酒店"已经变成了一家大型的连锁酒店企业,不但扩展到美国的50个州,除南极以外的所有大陆上也都有它的影子。

商人在开发市场的过程中,如果产品被顾客认为可有可无或无关痛痒,即使这件产品再便宜、再优惠、再物超所值,顾客也很难下定决心去购买。反之,当顾客认为商家所推荐的产品是他们迫切需要的、不可或缺的,那么,即使产品本身并不那么完美,他们也会迫不及待地去购买。由此可见,需求是能够快速打开顾客心门的金钥匙,"假日酒店"的成功,就是一个很好的证明。

在市场经济时代,很多产品都不是靠市场检验出来的,而是靠自己推出来的。正因为如此,大多数顾客的需求都是由商人自己制造出来的,这就像很多解决矛盾的高手,往往都是制造矛盾的高手一样。商人不可能一眼就看出顾客的需要,因此,我们要通过深入的观察,去洞悉连顾客都没有意识到的需求,在顾客的心目中占据一个有利位置。

　　尽管商人都懂得运用广告来推荐产品，但并不是每一位商人都能够捕捉到广告的精髓。

　　"玉兰油"是"宝洁"公司推出的全球著名的护肤品牌，它以高科技护肤研发技术为后盾，不断扩大产品的势力范围，不但涵盖了护肤界的诸多产品，还侵入了沐浴这一领域，成为中国区最大的护肤品牌。现如今，"玉兰油"产品的销售量在大陆已经持续十年呈两位数增长，而全球销售额近十亿美金，跻身世界上最大、最著名的护肤品牌之列，成为不少女性朋友的最爱。

　　然而，对于消费者来说，最熟悉的莫过于"玉兰油"的广告。那些朗朗上口的广告词，几岁的小孩都能够倒背如流，这便是"玉兰油"取得成功的捷径。第一个引起消费者注意的广告，是"宝洁"某品牌经理回答网友的一句话："(玉兰油)清透平衡露夏天使用效果很好，其特别针对油性和混合性两种皮肤。四个星期的时间，就可以使你的肌肤出油状况得到改善，让毛孔的出油率降低96%。"

　　这位品牌经理在短短的一句话中，频频使用数字来证实自己的论点，而消费者的注意力，也都集中在了"两种皮肤"、"四个星期"、"降低96%"上面，这一则隐形广告吊足了一些消费者的胃口，使"玉兰油"迅速占据了化妆品市场的部分份额。有了这样的铺垫，"玉兰油"随后推出的产品销售起来顺畅多了。

　　当"玉兰油清透平衡露"在市场上打开销路后，"玉兰油洁面乳"、"玉兰油多效修复霜"、"玉兰油活肤淋浴露"等产品蜂拥而至的同时，独特的广告，也紧跟其后与消费者见面了。相信，这些广告里的每一句话，我们到现在都耳熟能详。

　　"玉兰油洁面乳"的广告说："它含有BHA活肤精华，温和按摩微粒和滋润成分，可以彻底清除脸部肌肤的灰尘和彩妆，只需7天，就能让肌肤得到改善。"而"玉兰油多效修复霜"的广告则称"(修复霜)能帮助抵御7种岁月痕迹，令肌肤焕发青春光彩"，还附带一句经典广告语："1种减退秘诀，7

种岁月痕迹"，并不厌其烦地一一列举皮肤的干燥粗糙、细纹色斑、肤色暗哑不均匀等"7种痕迹"。于是，爱美的女性开始对号入座，慷慨解囊。

"玉兰油活肤淋浴露"的广告宣传中称："24小时不断滋润，令肌肤持续得以改善。一星期内，肌肤会更有光泽，更富弹性。""润肤沐浴露"的网络广告则公布："含75%的玉兰油滋润成分，第一次使用，肌肤会感到明显的柔润光滑；使用14天后，能体验到肤质的明显改善和滋润……"就连隶属"宝洁"的"潘婷"也打出了"防止分叉，使用后能令秀发顺滑70%"的广告。

从这一系列的广告词中，我们不难看出"宝洁"公司在"玉兰油"的广告中做足了文章，拿出无数个数据作为自己的依据。很显然，这些"数字化"词汇频频出现，绝不是偶然之举，而是占领市场、直击消费者心灵的最有力武器。它坚定了"玉兰油"在顾客心目中的位置，使"玉兰油"成为"宝洁"第十三个年销售额超过10亿美元的知名品牌。

广告作为一种商业推广手段，被无数企业所使用，它适用于任何一个行业，尤其是化妆品行业。其实，卖化妆品就是在卖希望，而买化妆品就是在买心理需求，"宝洁"充分利用了广告的特点，将感性的希望变成顾客"看得见、摸得着"的理性需求。通过那些频频出现的具体数字，"宝洁"有效地满足了消费者内心的需求，并增加了他们的购买欲望。

现实生活中的每一天，我们的眼睛里、耳朵里、脑海里都充斥着广告，无数商人想尽办法为自己的产品做广告，然而真正成功的却并不多见，因为他们没有洞悉广告的真正价值。广告不是用来糊弄顾客的，那些空洞的承诺、言过其实的陈词滥调以及泛泛而谈的产品功能，无法满足顾客内心的需求，唯有真诚、具体、务实的广告创意，才能在顾客的心里占据一席之地。

聪明的商人懂得对市场进行细致的调查与研究，寻找或挖掘出目前未被满足或未被完全满足的市场缝隙。

一直以来，日本的泡泡糖市场都具有巨大的潜力，这个年销售额约为

470亿日元的市场,已经成为制糖企业的必争之地,然而这块"大肥肉"却被"劳特"公司垄断了很多年,其他企业想打入泡泡糖市场简直难如登天。但在1991年,这一奇观被弱小的"江崎糖业"公司打破了,它转瞬间夺走了"劳特"公司1/3的市场,成为当时日本商业界的一条轰动性新闻。

"江崎糖业"公司是如何获得成功的呢?这归功于它准确的市场定位。

其实,面对泡泡糖市场这块"大肥肉","江崎糖业"公司早就已经动了心,但它明白所有的制糖企业都对这个市场虎视眈眈,凭借现有的实力,自己决不能贸然地去硬拼,而应该从消费者入手,给自己的企业一个崭新定位。

找到了方向的"江崎糖业"公司,开始了一系列的策划活动。为了进一步明确目标,"江崎糖业"公司迅速成立了由智囊人员、科技人员与供销人员共同组成的市场开发小组。小组成员在广泛收集有关资料的基础上,专门研究了"劳特"公司生产、销售的泡泡糖,包括"劳特牌泡泡糖"的优点与缺点。经过一段时间的周密调查与分析,他们发现"劳特"公司生产的泡泡糖有以下缺点:

(1)"劳特"公司的销售对象以儿童为主,对成年人重视不够;

(2)"劳特"公司的泡泡糖只有果味;

(3)"劳特"公司的泡泡糖在形状上是千篇一律的单调条板状;

(4)"劳特"公司的泡泡糖定价为每块110日元,因此,顾客在购买时需要掏10日元的零钱,这会给他们带来不便。

发现以上这些问题以后,"江崎糖业"公司开始对症下药,决定以成人泡泡糖市场为目标市场,制定一整套完善的市场营销策略。为了能够让消费者第一时间接受自己的产品,也为了使自己的营销策略快速成功,"江崎糖业"公司对新推出的成人泡泡糖赋予了一定的功能。

就这样,江崎糖业公司推出了自己独创的功能性泡泡糖:司机食用的泡泡糖——使用了高浓度薄荷与天然牛黄的泡泡糖,可以用强烈的刺激来消除司机的困倦;成人交际时食用的泡泡糖——可以起到清洁口腔、祛除异味的作用;成人运动时食用的泡泡糖——含有多种维生素,有益于消

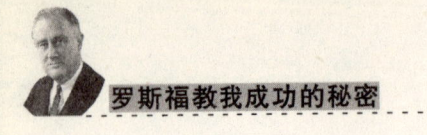
除运动疲劳；成人工作压力较大时，需要放松心情的泡泡糖——通过添加了叶绿素来改变不良情绪，进而达到放松心情的目的。

底线二：不尊重别人，也就没有真正的自己

"小胜凭智，大胜靠德"，这是我国乳业巨子牛根生的一句著名论断。这八个字，在今后相当长的时期内，不断被人提起。

在我国，商人自古以来都给人一种重利益、轻道德的印象，以至于有了"无商不奸"等说法。这当然是世人对商业、对商人的一种误解和偏见，但是它从一个侧面反映出商人本身的一些问题，比如：对商业信誉的习惯性忽视，对社会责任的漠然，对拉关系、走后门的热衷，等等。

商业史上著名的"水桶理论"的提出者，是"商业道德"早期的倡导者之一、百货店大王瓦拉美卡。当时，面对向他询问致富秘诀的记者，瓦拉美卡是这么说的："财富就如同水桶里的水，你把桶推向别人，水就会涌向你这边；反过来，你把桶拉向自己，水就会涌向另外一边。同样的，你要是想独占利益，利益就会远离你；而如果你乐于和别人分享，那么利益就会不请自来。"

"水桶理论"说的其实是"分享"、"让利"等观念，无数事例证明，"水桶理论"是一种非常有效的商业规则，凡按照这个规则行事的商人，比其他人更有希望赢得事业的成功。

在商业经营之中，如果只顾眼前的利益，而不从长远利益去谋划，那么，必然让企业连眼前的利益也失掉。

在中国，"沃尔玛"是受争议最大的跨国企业之一。"沃尔玛"中国公司给员工的待遇不如其他外企高，对供货商的要求也近乎苛刻，这些引起了人们对"沃尔玛"的口诛笔伐。但是有一个很奇怪的现象：那些对"沃尔玛"批判得最凶的人，每个礼拜都要去沃尔玛购物，而且总是乘兴而来，满意而去。其中的原因很简单——"沃尔玛"的东西便宜。

世界上的超市不止"沃尔玛"一家，为什么"沃尔玛"的商品比其他超市

便宜呢？

这要从沃尔玛的创始人山姆·沃尔顿说起。1962年，自沃尔顿在家乡本顿维尔市经营第一家超市时起，"沃尔玛"就与"天天平价"这块招牌连在了一起。沃尔顿立下一条规矩：将一般性管理费用严格控制在销售额的2%之内，这一规矩至今仍很少被破坏。对商人而言，这是非常不易的，但"沃尔玛"却始终坚持这么做。

沃尔顿曾说："我们重视每一分钱的价值，因为我们服务的宗旨之一就是帮每一名进店购物的顾客省钱。每当我们省下一块钱，就赢得了顾客的一份信任。"为此，他要求每位采购人员在采购货品时态度要坚决。他告诫采购员说："你们不是在为商店讨价还价，而是在为顾客讨价还价，我们应该为顾客争取到最好的价钱。"正因为将采购成本和管理成本都压到了最低，所以"沃尔玛"才能将"天天平价"这块招牌一直挂到今天。

"沃尔玛"员工的不满、供货商的抱怨，都是不争的事实，但更为重要的一个事实是：数量庞大的"沃尔玛"顾客群，通过长年在"沃尔玛"的购物活动得到了巨大的实惠。因为这一点，"沃尔玛"在世界范围内仍是一家受人尊敬的公司。

"沃尔玛"公司的著名口号"让穷人过上富人的日子"，尽管有夸大之嫌，但也确实体现了"沃尔玛"公司"让利于顾客"的一贯宗旨。曾经有一位顾客在"沃尔玛"店买了一台果汁机，用了几天以后，顾客无意中发现果汁机上有多处划痕。于是，顾客拿着这台机器与购买时的付款小票，来到了"沃尔玛"的一家连锁店。营业员了解情况后立刻给他换了一台新的果汁机，并告诉他："果汁机降价了，我们还需要退给您5美元。"

那么，"沃尔玛"的财富有没有因此而不断萎缩呢？

让我们先来看"沃尔玛"在美国的情况：1974年，"沃尔玛"公司在纽约上市，其股票价值在随后的25年间翻了4900倍；1985年，美国著名财经杂志《福布斯》把沃尔顿列为全美首富；2008年7月11日在美国《财富》杂志公布的2008年世界500强排行榜中，"沃尔玛"以3780亿美元的年营业收入超过"埃克森美孚"，再度跃居榜首。

我们再来看看下面一组数据：截至2009年5月，"沃尔玛"在全球14个国家共开设了7900家商场，员工总数210万人，每周光临"沃尔玛"的顾客有1.76亿人次。几十年来"沃尔玛"的生意一直蒸蒸日上，还有不断扩张的趋势，即使在全球经济不景气的情况之下，"沃尔玛"仍然以良好的速度在增长。

由此可见，企业要发展、要壮大，就必须像"沃尔玛"那样让利于顾客。

不可否认，对于商人而言，要做的就是挣钱，然而，挣钱的方式却有千万种，不一定是在第一时间掏空顾客的口袋。在这个信息高度发达的社会，顾客已经不再像以前那样懵懂，他们会先分析再进行选择性消费，一旦顾客发现自己的消费高于商品时，会毫不犹豫地离开。如果商人能在第一时间保住顾客口袋里的钱，那么，谁都不会转身离去。

现实告诉我们，成功的商人往往都善于吃亏，而小商贩却善于占便宜。称霸世界的"保险剃刀大王"——美国"吉列"，我们都耳熟能详，然而，对于其声名鹊起的经营策略，大部分人只是略知一二。1901年，"美国吉列安全刮刀公司"正式成立，主要经营的"吉列"产品，都是自己发明的新式刀架与刀片。在打入市场的初期阶段，"吉列"的经营非常惨淡，真正让它称雄市场乃至世界的关键是经营者吉列先生的两招"傻棋"。

第一招：将每把刀架的价格定为55美分，尽管这仅为成本价的1/5。这种大亏本的低廉价格，立即吸引了广大的消费者。然而，消费者如果买了"吉列"刀架，就必须使用"吉列"自己发明的专利刀片，否则就算再便宜也无法使用。"吉列"的刀片定价是5美元，而它的成本其实还不到1美分。

但是，对于顾客而言，一片"吉列"刀片可以使用六七次，费用是去理发店刮脸的1/10，所以，"吉列"的刀片很快占领了美国市场。由于刀架使用的寿命很长，而刀片需要不断地更新，"吉列"就靠刀架亏本、刀片赚钱的方式盈利。

第二招：第一次世界大战爆发以后，美国向德国宣战，并派士兵进入

欧洲战场。"吉列"便抓住了这次机遇,以成本价倒贴运费的方式,向军需品采购部门大量供应安全剃刀。于是,美国国防部给每一位参战的士兵发了一把"吉列安全剃刀"与几十片刀片。

也许在别人眼中,这是一桩明摆着亏本的生意,但是远赴欧洲作战的美国士兵们,都成了方便价廉的"吉列安全剃刀"的义务宣传员,将保险剃刀的影响扩大到了世界的范围。仅在美国士兵赴欧洲参战的1917年,"吉列"就销售了1.3亿片刀片,是公司初创时期销售额的80多万倍。

就是这两招貌似吃亏的"傻棋",让"吉列"走进美国、走向国际。

在商人经营企业的过程中,最害怕的就是损失利润。殊不知,没有付出就不会有收获,商人想得到利润,就必须先付出一定的利润。美国"吉列"的案例,很好地证明了这一点。当企业遭遇瓶颈之时,"吉列"果断采用了"让利于顾客"的策略,不但及时弥补了亏损,还迅速占领了市场,为企业的发展奠定了坚实的基础。

现实生活中,商人都奉承顾客为"上帝",若想征服上帝,你就必须遵循公平的原则。损失自己的"小利",以赢得更多的"大利",是其中最重要的一条。放眼商界,无数的事实都在告诉我们:但凡有远见的商人,都不会受暂时利益的诱惑,而是志在获得更长远、更持久的利润。因此,聪明的经营者,都懂得适时为"上帝"吃点小亏的经营策略。

人都是有感情的动物,知恩图报是一种本性,当人们接受商人对自己的仁义后,一定会回报给他另一种"情义"。

和田一夫是一个典型的重义商人,具有"不死之鸟"美誉的他,懂得商业圣经中"明亏暗赢"的道理。他坚持做一个不失仁义的商人,将一家乡下蔬菜店建设成为在世界各地拥有400家百货店和超市、员工总数达28000人、年销售总额突破5000亿日元的国际流通集团。目前,该集团旗下多家公司的股票已经在日本、新加坡、马来西亚等地上市。

1958年9月,日本东部遭到了太平洋台风的袭击,令当地人民损失惨重,农业及交通受到重创。一时间,蔬菜水果的供应非常的紧张,许多商人都按照"市场规律",将价格上调了5~10倍,以获取巨额的利润空间。

然而,热海市"八百伴百货"商店的老板和田一夫,却毅然向公众允诺:即使在货源紧缺的情况之下,"八百伴百货"商店也会维持与正常时期一样的定价。在自然灾害最严重的时期,这家商店冒险从外地运来了蔬菜食物,如果它以5~10倍的高价出售,可以获得一笔可观的利润,但是"八百伴商店"却坚持履行诺言,用高价买进的货物以往日的市价出售。

当这条消息传出以后,就连临近乡镇的家庭主妇也都赶来采购蔬菜禽物,"八百伴百货"商店的做法一时间成为热海市最轰动的新闻。"放着大把的钱不去赚,真是天底下最大的傻瓜!"同行们对和田一夫的做法持讽刺、讥笑的态度。

究竟谁是真正的聪明人呢?还是让我们来看看事实吧。

一星期以后,这场风暴终于过去了,受灾害影响的公路都渐渐恢复了正常的运作。当然,蔬菜、水果、肉类的供应也慢慢恢复了正常,没有再出现短缺的现象,热海市内各家商店的货物也恢复了平时的正常价格。就在这时,一个不寻常的现象发生了。由于物价上涨期间,人们都已经习惯来"八百伴百货"商店采购物品,这时许多人都成了"八百伴百货"商店的常客。这些顾客感恩于这家商店的义举,不惜舍近求远。从此以后,"八百伴百货"商店每天都门庭若市,来往顾客络绎不绝。

很显然,和田一夫是一位有智慧的商人,他明白企业发展壮大的根本是遵循商业道德,即宁愿吃亏也不失仁义。在商业经营的过程中,这个"义"字在某种程度上表现为金钱关系与物质利益。很多时候,我们不能仅仅从金钱上来计算赚赔进出这笔账,更不能在自己的账本上打"小九九",否则企业很难有更大的成就。

如果企业在钱财赚赔上洒脱一些、大气一些,或干脆主动让利于顾客,往往都会得到意想不到的收获,这种收获常常是更大、更长远的利益。不仅如此,一次小小的让利还能给我们带来最直接的成功。很多巨商成功

的根基,既不在于"哄",也不在于"投机取巧",而在于"巧让利",即用小利润来换取大回报。

1897年,美国汽车业开创者兰塞姆·奥兹创建了"奥兹"汽车公司;1908年,该公司并入了"通用"汽车公司;2000年,该公司默默地退出了汽车舞台。尽管它已经离开大家的视线很久了,但我们忍不住一次又一次地回忆起这个颇具传奇色彩的企业,因为从它的叱咤风云到黯然逝去中,我们可以得到一些启示。

当年,"奥兹"汽车公司的生意长期冷淡,甚至有倒闭的迹象。在这种情况之下,公司总裁决定从推销着手,摆脱危机。"奥兹"公司总裁十分清楚,商场变幻莫测,企业要善于调整,这种调整旨在赢利,为了赢利,吃些小亏也理所当然。但是,采用什么样的推销方法,才更有效?

总裁对自己厂的情况进行了反复认真的思考,并针对存在的问题、竞争的对手以及其他商品的推销术,进行了认真地比较分析,最后,他决定博取众人之长,采用"买一送一"的推销手法。"买一送一"的推销方法由来已久,并且使用极为广泛,但用一般的做法已经无法激起顾客的兴趣了,即使是给顾客送礼、吃回扣,也都起不到太大的作用。因为以往免费赠送的商品,如买电视机送一个小玩具,买录像机送一盒录像带等,都只是一点小恩小惠,刚开始的确能起到促销的作用,但时间一久,消费者就慢慢不感兴趣了。

这位总裁突然想起自己厂里正积压了一批"南方"轿车,由于不能及时出手,资金无法收回继续市场运作,而这批汽车的仓租利息正逐渐上扬,自己不妨打出"买一辆'托罗纳多'牌轿车,可以同时得到一辆'南方'牌轿车"的广告,这样一定能吸引顾客的眼球。

"奥兹"汽车公司大胆的销售方式,一鸣惊人,使得很多对广告习以为常的人,都对之刮目相看。许多人闻讯后,不辞远途也要来看个究竟,一时间,该公司的经销部门庭若市,过去无人问津的积压轿车被人们竞相采购。

　　"奥兹"汽车公司的这种销售方法让每辆轿车少赚了5000美元，在世人眼中这可是亏了血本，然而，真的是这样吗？当然没有，这家汽车厂不但没有亏本，还因此获得了不少好处。因为这些车如果积压了一年还卖不掉的话，每辆车都要用掉一部分利息、仓租以及保养费，这些花费近似5000美元。

　　通过"买一送一"的销售方式，不但汽车兜售一空，资金也能够迅速回笼，让奥兹汽车厂扩大再生产的能力；另一方面，因"托罗纳多"牌轿车的消费者增多，名声大振，市场占有比率也随之加大；与此同时，一个新的汽车品牌——"南方"，也被引了出来，这一低档轿车以"赠品"形式问世，最后竟开始独立行销……就这样，奥兹汽车公司起死回生，销售蒸蒸日上。

　　在商业经营的过程中，"需求"永远存在，然而聪明的商人懂得将两种"需求"捆绑在一起，以一个为"饵"，以另一个为实际目的来进行销售，开辟更大的利润空间，这就是"舍小利而获厚富"的经营之道。"奥兹"汽车公司的总裁懂得这一经营智慧，并将其演绎得淋漓尽致，从表面上看他是亏得一塌糊涂，但实际收获的利润远远超出了想象。

　　商场最常用的"有奖销售、让利酬宾"，就是这种经营理念的具体运用。实践证明，"让利"是行之有效、有利可图的经营手段，通过"让利"，可以让顾客觉得自己能得利，进而积极地消费。对于企业而言，自己虽然让出了一部分利润，但招揽来的生意远远超过了让出的那一部分。

　　由此可见，商道让利，能够为企业博得日后的盆盈钵满。

　　"雅诗兰黛"是全球知名的化妆品品牌，可在其产品刚投放市场时，却没有多少人问津。"雅诗兰黛"是如何扭转这种局势的呢？这一切都归功于其创始人艾丝蒂·劳德女士。当时，作为创始人的艾丝蒂对公司业绩很着急：尽管她聘用了容貌美丽又口齿伶俐的小姐来担任售货员，但每天的销售量依然惨淡。

　　这一天，艾丝蒂像平常一样去杂货店买东西，她是这家店铺的老顾

客,与店主熟识已久。刚一进门,老板娘就热情地招呼她说:"艾丝蒂,你来得正好,我家的保姆刚从俄罗斯带来了一些俄罗斯烤肠,味道真不错,送给你尝尝。"老板娘边说边从冰箱里拿出烤肠,让艾丝蒂带回家去品尝。

晚餐时,艾丝蒂边吃烤肠,边想着化妆品的事情,突然,一连串的询问让她如梦初醒。女儿问道:"妈妈,这种肠的味道真的很特别,哪里买的?"此时,丈夫也问道:"味道是不错,以前怎么没吃过?"望着自己的女儿和丈夫,艾丝蒂想到了一种"让利促销方案"。

第二天,艾丝蒂在自己的柜台前挂上了"免费试用"的大幅招牌,这在当时是未曾有过的一种促销方法。既然是免费试用,自然有很多女士乐意去柜台前看看。与此同时,艾丝蒂还组织店员们拿着化妆品去美发店、公共场所进行免费赠送。很多女性在使用"雅诗兰黛"化妆品后,感觉效果不错,竟不知不觉间爱上了这种能给自己带来美丽的产品。随后,艾丝蒂又将它免费赠送给员工的亲人和朋友,就这样,"雅诗兰黛"的影响面越来越大。

事实证明,这种让利销售方式非常有效,从那以后,"雅诗兰黛"公司在不到半年的时间便获得了可观的营业额。然而,这并没有让艾丝蒂就此打消免费赠送的念头,即便是在化妆品已完全被消费者认可以后,艾丝蒂女士依然坚持向众多消费者提供免费试用品。

许多女性非常喜欢这种特有的销售方式,因为通过试用,她们能够找到最适合自己皮肤的产品。在销售的全盛时期,艾丝蒂依然免费将化妆品样品送给她的朋友和熟人使用,她相信自己可以通过这种方式告诉顾客,她的产品是最好的,而使用它们的人是最棒的。

目前,"雅诗兰黛"已成为化妆品王国的顶尖品牌,为无数女性带来了美丽和自信,而"雅诗兰黛"的产品营销策略,也为众多商家效仿。

在商业经营中,打开市场是最令商人头痛的一件事。许多新产品在最初上市时,顾客都不知道它的性能和用途,因此商人要让新产品迅速打开销路,就需要一种有效的经营模式,而让利销售是首选之举。

大量发放"免费试用"品，看似是在做亏本生意，其实是一种变被动为主动的经营策略，这不但体现出商人对产品品质的自信，还能赢得顾客的信任，一旦产品的销路打开，利润就会随之而来。在商场拼搏的人们都知道，经营策略对于企业的重要性，每种策略都是智慧的结晶，"雅诗兰黛"的成功告诉我们：无论何时何地，让利销售都是企业走向辉煌的有效手段！

分享财富，看似损害了自己的利益，但暗地里带来的回报却不可小觑。在现实生活中，但凡成功者大多都非常大度。因此，你若想自己的事业成功，必须首先学习作为管理者的大度。

作为一名商人，我们应该明白一条商规：对待金钱，绝不能做一毛不拔的铁公鸡，否则，只会将生意做绝。经济学中有个名词叫做"投入产出"，对于经商者来说，不吃亏就不能得到大利益。吝啬鬼、守财奴是永远发不了财的，因为他们每天都沉浸在"仨瓜俩枣"的小利中，结果因小失大。唯有懂得分享财富，我们才能收获巨大的财富。

延伸阅读：企业的共好目标和原则

企业只有在与环境和社会和谐相处的基础上，满足顾客的现实需求或者潜在需求，将员工当成自己的伙伴，与供应商（利益相关合作者）一起发展，才能持续保证股东的利益，推动自身社会价值最大化。

环境和社会——改善人居环境，降低社会成本，推动社会正向发展

"皮之不存，毛将焉附。"环境为人类的生存和发展提供资源，而资源是有限的，我们有责任保护环境，低碳生活，让环境变得更加美好，更加适合人类居住。

大系统和谐，小系统才有存在和发展的空间。

企业是社会的公器，是社会财富的管理者，也是最实用的教育机构，承担起社会责任，做一个社会企业，降低社会成本，推动社会正向发展，就

是一个企业应有的使命。

顾客——满足需求,创造价值

客户的真正需求有两个,一是拿走担忧,一是创造价值。企业只有将客户当成自己的亲人,解决他们内心真正的担忧,协助他们创造人生价值,才是真正的对客户负责任。

松下幸之助说:"销售额是顾客支持我们的证明,利润是顾客感谢我们的证明。"

为客户创造价值,并赚取合理的利润,从而为更多的客户创造价值,是一个良性循环。

所以,顾客是企业的亲人,企业可以设身处地地站在顾客的立场上,为他们提供贴心的服务。

员工——以人为根本

关系层次的核心是对人、事、物的影响,其中最重要的是与人之间的关系,因为人才是最重要的资源,所以,我们要以人为根本。

可是,什么才是以人为根本呢? 它与"以人为本"有什么区别?

我们常说的"以人为本",对"本"的理解,有三种层次:

①把人当成本→短期→是获取销售额的工具,有用就用,无用就裁员。

企业与员工之间的关系是赤裸裸的交易,交易是有利润才会成立的,如果不会有利润,企业就不需要员工。

员工是冲着钱去的,缺乏归属感与忠诚度,企业很难留住人才,当然就做不大。

②把人当资本→中期→暂没用,可以对他培训,储存起来,获取资产增值的工具。

关系的本质还是交易,它与成本的区别在于,企业会为了提升自己的利润而去培训员工,员工具备了更大创造价值的能力后,成了企业的资本。

在这一层次中,员工还是冲着钱去打工,只是多了挣得更多的可能性。

企业的培训能增强员工的归属感,但是不能获得员工的认同感,因为老板与员工从根本上还是对立的。

③"以人为本"的本质是把人当成企业的根本→长期→把人当成企业成立的根本。

企业的经营,不在于你的技术、信息、背景如何,也不在于你有多少资产,而在于有多少跟你志同道合的员工。

企业与员工的关系本质是同志关系,两者因为共同的信仰和愿景在一起,共担风险,共享成果。

企业注重员工的成长和发展,因为员工的成长和发展等于企业的成长,所以,企业是在不断长大的,因为员工在不断长大。

"以人为根本",一定是基于爱。只有将爱放在第一位,企业才能从"追求相互信赖与共同发展"的原则出发,找到志同道合的员工,并用爱去培养和浇灌。

供应商(利益相关合作者)——互赖共赢

企业与供应商,或者各种利益相关者,只有共同将蛋糕做大,才能分得更多利益。

如果企业与各种利益相关者之间是竞争关系,即只关注现在的蛋糕,而不会去想如何将现在的蛋糕变得更大,只会得到双输的结局,因为蛋糕会越来越小。

所以,企业与各种利益相关者只有携手共同发展,相互信任与依赖,才能实现共赢。

股东——享受成果的人

在满足了上述四个层面后,股东的利益才能得到持续性的根本保障,因为企业会得到环境与社会的支持,会得到顾客和员工的拥护,会得到各方利益相关者的信赖与合作。

价值排序的另外一个标准是哪个层面的人最多、最重要,就排在最前面,本质还是把爱放在第一位。

股东是人最少的层面,所以只能在最后。

供应商(各种利益相关者)与员工,谁的人多,谁就靠前,谁的人少,谁就靠近股东。

顾客一般都比员工的人要多,所以,顾客的位置一般都在员工前面。

社会人肯定比顾客要多,而环境是社会存在的基础,所以环境可以排在社会前面,也可以与社会并列,因为环境包括自然环境和社会环境。

第七章

他的幸福

——"幸福不是取决于拥有多少钱财,而在于成功的喜悦和创造活动所带来的心灵震颤"

有一次,罗斯福家中失窃,损失惨重。朋友写信安慰他,罗斯福回信说:"亲爱的朋友,谢谢你的安慰,我现在一切都好,也依然幸福。感谢上帝。因为:第一,贼偷去的是我的东西,而没有伤害我的生命。第二,贼只偷去我部分东西,而不是全部。第三,最值得庆幸的是,做贼的是他,而不是我。"

然而,绝大多数人并不这样想。其实,幸福是有一个底线的。林语堂曾说:"我们终究在这尘世生活下去,所以我们必须把哲学的天堂带到地上来。"那么什么是"哲学的天堂"呢?也许就是罗斯福所说的"幸福并不仅仅取决于拥有多少钱财,而在于成功的喜悦和创造活动所带来的心灵震颤"吧。

学会罗斯福三个感恩的理由，是生活的大智慧

对任何人来说，家中失窃绝非幸事。但是，罗斯福却能找到三个感恩的理由。感恩是一项重要的处世哲学，是生活的大智慧。人生在世，不可能事事顺遂。对于各种失败和不幸，我们要豁达大度，勇敢面对，并想办法解决。面对困难，我们是懊恼抱怨、沮丧气馁，陷入绝望，还是对生活满怀感恩之心，跌倒后再爬起来？英国著名作家萨克雷说过："生活是一面镜子，你对它笑，它也会对你笑；你对它哭，它也会对你哭。"如果对生活感恩，你的生命将充满灿烂的阳光；如果一味怨恨，你终将一无所获。我们成功时，有千万个理由感谢生活，而失败时，一个借口就会表现出自己的忘恩负义。

1. 理由一：感恩将为你开启一扇神奇的力量之门，发掘出你无穷的潜力

不论是遭遇失败还是不幸，我们都应该感谢生活。只有这样，失败后，我们才能发现自己的缺点和不足，不幸时，还能感受到安慰和温暖。这能帮我们找回勇气，战胜困难，并获取前进的强大推动力。我们应像罗斯福那样，换一个角度去看待生活中的失败和挫折，永远对生活感恩，时刻保持健康的心态，积极地生活，保持完美的人格和不断进取的精神。感恩不仅仅是一种精神慰藉，还是对现实的不规避。感恩源于我们对生活的热爱和希望，是我们歌颂生活的一种方式。

如果人人都有一颗感恩的心，就能沉淀许多的浮躁和不安，消融许多的不满和不幸。感恩能让我们的生活变得更加美好。

每个人都会有各种各样的愿望，但是，只是一味地追求，是不可能实现这些愿望的。

因为"想要成为……"的愿望不是通过追求、争取就可以得到的，当这个人"成长为可以成功的人时，成功就会自然而然地来到手中"。但是如何才能成为"可以成功的人"呢？

答案其实非常简单。

只需报"恩"即可。

我们只要去实践"报恩法则"，人性就会成长，就可以使自己成为一个可以成功的人，并进一步使自己成为一个"能够感受到幸福的人"。

虽说是"报恩"，但你不必勉强自己去做一些很困难的事情，只需直接去面对自己的恩人，衷心地向他表达你的谢意即可。如果能够带上一点"伴手礼"，效果会更好。

你需要记住一点：你所能做的最恰当的报恩，最能够令对方感到喜悦的报恩是不浪费对方对你的恩情，是你为了报答这一恩情积极努力地生活，为了实现自己的梦想不断努力，并将这样的自己带到恩人面前。对于恩人来说，这会是最令他感到快乐的礼物。

"因为有你，才有现在的我。"

"因为有你，所以我才感到幸福。"

"因为有你，我才能够获得成功。"

请带着这样的谦虚心情，跟恩人说"谢谢"，并表达自己的谢意。

仅仅这样就能让你无论在怎样的痛苦中都保持积极向上的情感。

一位由普通职员晋升为总经理的人士这样说道："我刚到这家公司时，是一名没有任何经验的普通职员，为什么在短短两年内就被晋升为总经理？是因为，我时常怀着一颗感恩的心去工作，我感谢老板给予我的机会，感谢同事对我的点滴关怀与帮助。'滴水之恩，当涌泉相报'，这种感恩心，让我更加努力地工作，我想尽最大的努力来回报这一切，没想到，生活

却给予我更大的回报。"

满怀感恩地去工作,不仅仅有利于公司和老板。"感激能带来更多值得感激的事情。这是宇宙中一条永恒的法则。"班尼迪克特说,"受人恩惠不是美德,报恩才是。当人拥有感恩之心的时候,美德就产生了。"不要以为工作是平淡乏味的,当你满怀感恩之心去工作时,就会成为一个品德高尚的人,一个有亲和力和影响力的人,一个有着独特个人魅力的人。你要相信:感恩将为你开启一扇神奇的力量之门,发掘出你的无穷潜力。如此迎接你的将是更多、更好的工作机会和成功机会。

2. 理由二:心存感恩,知足惜福更快乐

感恩不纯粹是一种心理安慰,更不是对现实的逃避,而是一种歌唱生活的方式,来自于对生活的热爱与希望。

据说在法国一个偏僻的小镇上,有一条特别神奇的泉水,可以医治百病。有一天,一个挂着拐杖,少了一条腿的退伍军人,一跛一跛地走过镇上的马路。旁边的镇民带着同情的口吻说:"可怜的家伙,难道他要向上帝祈求再给他一条腿吗?"退伍军人听到了,转过身对他们说:"我不是要向上帝祈求一条新的腿,而是祈求上帝,教我在没有一条腿之后,也知道如何生活。"

心存感恩,才能收获更多的幸福和快乐,才能摒弃没有任何意义的怨天尤人。心存感恩,能让我们更加珍惜身边的人和物,能让我们渐渐麻木的心发现生活是如此丰厚和富有,能让我们领悟命运的馈赠与生命的激情。像那位退伍军人一样,接纳自己所失去的,感激自己所拥有的,你会更加热爱自己和他人的生命,更加珍惜现在所拥有的一切。

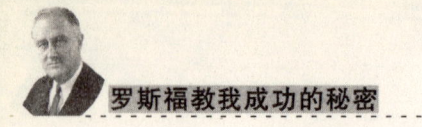

"我的手还能活动,我的大脑还能思维,我有终生追求的理想,我有爱我的和我爱着的亲人与朋友;对了,我还有一颗感恩的心……"

谁能想到这段豁达而美妙的文字,竟出自一位在轮椅上生活了30余年的高位瘫痪患者——世界科学巨匠霍金。在常人看来,命运之神对霍金苛刻得不能再苛刻了——他口不能说,腿不能站,身体不能动,可他仍感到满足,感到自己很富有:一根能活动的手指,一个能思考的大脑……这些都让他对生活充满了感恩之心。

感恩是一种处世哲学,是生活中的大智慧。人生在世,不应该遭遇一点磨难就怨天尤人,种种失败和无奈都需要我们去勇敢面对。只有对生活充满感恩,我们才能跌倒了再爬起来,重新打造幸福美好的生活。

作家梭罗每天做的第一件事,就是对自己说:"我能活在世间,是多么幸运的事!"如果没有活着,我们既听不到踩在脚底的雪发出的咯吱声,也无法闻到木材燃烧时所散发出的香味,更不可能看见人们眼中爱的光芒,所以我们每一天都要对生命充满感激之情。

3. 理由三:对你拥有的事物表达感激,你会发现,它一直在增加

我们应该相信:每件事的发生一定都有目的和原因,并且有助于我们;世间的一切都是为了达到最好所作的安排。

珍惜才会拥有,感恩才能天长地久。

对你拥有的事物表达感激,你会发现,它一直在增加。世上许多事物都是一把双刃剑,你若只看到刀刃,受伤的永远是自己。对生活心存感恩,你就不会有抱怨。

当你将感激之情持久地固定在美好事物之上时,所接受的也将是美

好的事物,如此美好的事物会包围着你。心存感激将会使你的心和你所期盼的事物联系得更紧;心存感激将使你获得力量,使你对生活、对美好事物产生信念。感恩,使我们在失败时看到差距,在不幸时得到慰藉,获得温暖,激发我们挑战困难、不断前进的动力。

相传,古印度有位英勇无敌的王子。在一次征战得胜的盛大庆功宴上,王子谦逊地举起金杯,向前辈、大臣、在座的将士以及黎民百姓一一表示感谢,甚至连为自己牵马的仆人也没落下。这使得大家深受感动。此时,旁边坐着的老国王提醒道:"我的孩子,有一个最重要的人,你还没向他致谢呢。"那王子怔了半晌,始终想不出这人是谁,只好向父王请教。老国王一字一句地说:"你的敌人。"

是的,你要感谢你的对手或敌人。你会发现:冷酷地嘲笑你的人让你的自尊觉醒,带给你更加坚定的信念;嫉妒你的人肯定了你的成就;遗弃你的人让你学会了独立。对手的强悍和狡诈,让我们时刻保持警觉之心,不断学习,与时俱进,既提升了我们的心智,又增加了我们的智慧;对手让我们不断地进行自我否定和扬弃,不敢有丝毫的懈怠和麻痹,最终收获了今天的幸运和成功。所以,我们要感谢自己的对手,他们甚至可以被看做是我们前进的动力。

另外我们还要感谢领导的知遇之恩;感谢我们的同事,因为他们是我们的亲密战友;感谢我们的下属,因为他们是我们的绩效伙伴;感谢我们的客户,因为他们是我们的衣食父母……

感恩犹如心灵的泉水,能滋润心田。它近在咫尺,唾手可得,让我们的生命充满生机,洋溢朝气。

当我们用感恩的心来看这个世界时,会觉得自己是那么的富有!树上小鸟的轻唱,路旁花朵的芳香,一缕阳光,一阵清风,一块绿茵,都会让我们心旷神怡,体验到自然与生命的美丽。一个心存感恩的人,是天下最富有的人,而一个不知道感恩的人,即使家财万贯,也是个贫穷的人。

对个人来说,感恩不花一分钱,却是一项重大的投资。这项投资会给你带来意想不到的收获:你的人格魅力会罩上谦逊的光彩;你无穷的智慧将被源源不断地挖掘出来;你的神奇力量将会被开启。

感恩也像其他受人欢迎的品德一样,是一种习惯和态度,是一笔珍贵财富。

懂得感恩的人,也是懂得宽容的人。而不知感恩的人,不懂得珍惜现在所拥有的一切,怨天尤人是他们的习惯,嫉妒是他们的本能。他们被怨恨的情绪所啃噬,最终会使自己痛苦不堪。

成功人生和心胸宽广有着很大的联系。一个胸怀宽广的人,善于包容别人的缺点,会体谅他人的难处,同时也善于宽容他人的过错。

有这样一个故事,说是在美国一个市场里,有个中国妇人的摊位生意特别好,惹得其他摊贩嫉妒,大家常有意无意地把垃圾扫到她的摊位前。这个中国妇人只是宽厚地笑笑,尔后把垃圾都清扫到角落,从不予计较。

旁边卖菜的墨西哥妇人观察了她好几天,忍不住问道:"大家都把垃圾扫到你这里来,你为什么不生气?"

中国妇人笑着说:"在我们那里,过年的时候,都会把垃圾往家里扫,垃圾越多代表会赚的钱越多。现在每天都有人送钱到我这里,我怎么舍得拒绝呢?你看我的生意不是越来越好吗?"

从此以后,那些垃圾再没有出现。

这位中国妇人化诅咒为祝福的智慧确实令人惊叹,然而,更令人敬佩的是她那与人为善的宽容美德。她用智慧宽恕了别人,为自己创造了一个融洽的人际环境。俗话说"和气生财",她的生意自然越做越好。

宽恕别人就是善待自己。宽容是一种美德,也是感恩的外在表现,但宽恕伤害自己的人不是一件容易做到的事,要把怨气甚至仇恨从心里驱赶出去,需要极大的勇气和胸襟。

感恩绝不是一句简简单单的话,而是一种心态,需要职场新人去着力

培养。我们的眼光要从自我的狭隘中释放出来，投射到他人身上，去适应他人。

一个人进入一家公司，有了一个施展抱负的舞台，应该感激那些给自己提供工作岗位以及帮助自己在工作上积累经验和技能的人们。因为你的发展是建立在公司发展的基础之上，而公司的发展在相当程度上又是老板苦心经营的结果，而你的进步也得益于你的老板和同事的关心和帮助。

如果一名员工经常站在公司的立场上去思考问题，多替公司着想，对公司给予他的工作机会充满感谢，那么，他的言行举止中就会散发出一种善意。这种友善会影响、感染包括上司在内的所有的人，从而得到上司与同事们的理解和赞赏。

我们每天都应为自己现在所拥有的一切感恩，并真诚地对待自己身边的每一个人。感恩是情感的自然流露，可以增强你的个人魅力，使你在人群中出类拔萃。

感恩是一种爱的能量的流动，像一块磁铁，可以为我们吸引来友情、爱情、快乐、健康和一切美好的东西。心怀感恩，我们会更加珍惜生命；心怀感恩，我们的思想会更崇高；心怀感恩，我们的生活会更宁静、祥和。

让我们每个人都学会感恩吧。感恩伤害你的人，因为他磨炼了你的心志；感恩欺骗你的人，因为他增长了你的见识；感恩遗弃你的人，因为他教会了你自立；感恩与你作对的人，因为他强化了你的能力……感恩使你坚定信念、取得成就的一切。

学会罗斯福的减法生活

在大病之前，罗斯福是一个精力过剩但不能自我管理的人，他坐不

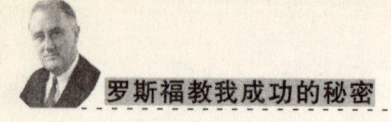
住、缺乏必要的耐心,喜欢东奔西走,不能安静地工作、思考。是病魔促使他立即进入减法状态,安静下来。

多年的卧床养病,让罗斯福有理由不去做不想做的事,摆脱了绝大多数无谓的应酬、奔波,因此他所接收的杂乱的信息越来越少,整个人与已出现问题的政坛保持了必要距离,避免了同流合污。他将多数时间用来阅读和思考,将城市生活中最容易让人意志消散的神经紧张、外在刺激降到最低限度,从而得以将所有精力集中在工作上。在处理贪污受贿、经济危机上,疾病时期积累的智慧发挥了巨大的作用。

我们要过欲望上的减法生活、精神上的加法生活,因为控制欲望是成功的必要条件,而精神的丰盛是成功的必要条件,两者缺一不可。

1. 精神上的加法生活——挑最难的事情做,找最苦的地方待

最难的事情都做过,还有什么事情不能做？最苦的地方都待过,还有什么地方不能待？最苦、最难的人生都经历过,人生的意义便更加富足。现今社会是竞争非常激烈的社会,它会提供给你许多机会,只要你能主动把握,主动出击,主动表现自己,就可能获得成功。但是这些机会稍纵即逝,如果把握不好,就会让你抱憾终生。遇到什么新任务、新挑战时,你若觉得自己可以胜任,就应主动争取,而不是一味地顺其自然。即使在不确定时,你也要挑最难的去做,有意识地去冒险,迎接挑战,你才会有更多出人头地的机会。

一个任务难与不难,关键看你以什么态度去对待。海尔集团首席执行官张瑞敏说得好:"不是因为有些事情难以做到,我们才失去了斗志,而是因为我们失去了斗志,那些事情才难以做到。"

我们必须不断地给自己新的挑战,不断给自己施加适当的、可以承受的压力,人生才有意义。

迈克尔·艾斯纳，担任了21年"迪斯尼"公司的首席执行官。1984年，这家多年低迷不振的企业处于群龙无首的混乱状态中，主题公园逐渐失去生气，"米老鼠"和"唐老鸭"几乎成了久远的记忆。就在此时，迈克尔·艾斯纳来到了"迪斯尼"的城堡。

迈克尔·艾斯纳不是一个赌徒，但是他喜欢接受挑战。他接管"迪斯尼"就是一种有意识的冒险。他在"派拉蒙"电影公司的成功实际上已经使自己到达了事业的巅峰，但是他又在沃尔特这个传奇式奠基人物去世后，决然地接手了正在走下坡路的"迪斯尼"公司。许多人都怀疑是否有人能填补沃尔特留下来的空白。艾斯纳接受这个挑战，既不是鲁莽，也不是天真，因为他确信，自己的能力与这家公司的传统相匹配。

艾斯纳的冒险有点儿出乎所有人的预料。首先，他批准了一项完全不属于"迪斯尼"风格的电影脚本，即《贝佛利山奇遇记》。这是一部R级电影，与"迪斯尼"公司以前传统的家族式电影风格完全相悖。之后这种事情越来越多，他甚至专门开设了一个新的影视部门，来生产这类与原来风格不同的电影。事实证明，艾斯纳就像沃尔特·迪斯尼一样具有非同寻常的直觉。《贝佛利山奇遇记》《无情的人》及其他一系列电影上的成功，证明了艾斯纳的选择没有错。

艾斯纳另一项惊人的举动是：在纽约一个非常俗气的时代广场附近，将一家拥挤破旧的剧院改造成一家可以上映"迪斯尼"影片的剧院，并把《狮子王》带到了百老汇。对于这一举动，当时几乎所有人都不看好，因为这家剧院周围都是色情商店和毒品贩子。但是令人惊奇的是，艾斯纳竟然将这个庸俗低级的地区成功地改造了，并且收获颇丰。

艾斯纳还做出了一个更加疯狂大胆的举动：他计划用8年的时间，投入8亿美元建造一个动物王国。这个在佛罗里达州建立的动物王国，占地约540英亩，放养了1000头野生动物。他还精心创建了一个供这些野生动物生存的"非洲草原"。这个动物王国并不是严格意义上的"迪斯尼"风格，公园里面放养的都是野生动物而不是动画人物。"它基本上是反迪斯尼的。"负责这家公园的工程师乔·罗德在接受I.D杂志采访时这样说。

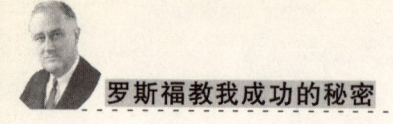

但是并不是说这里没有"迪斯尼","迪斯尼"仍然出现在创造魔术中。艾斯纳非常注重计划和细节,你只需要看一看这个8年的计划和对动物乐园细节方面的投入,就可以知晓这个动物乐园的细节是如此令人信服,以至于一位南非驻美国的大使对《时代周刊》这样说道:"这是一个丛林王国,这是我的家。"

这个动物王国于1998年4月开放,并且获得了巨大的成功,这是集现实和娱乐于一体的典型的"迪斯尼"式的成功。

艾斯纳总是有意识地冒险,挑最难的事情去做。在力挽狂澜地把迪斯尼从衰落中拉出来之前,这位娱乐界的奇才已经扮演过两次"救世主":20世纪70年代,他令几乎走入末路的"美国广播公司"扭亏为盈,重新焕发勃勃生机;20世纪80年代,他执掌"派拉蒙"电影公司,把这家制片厂从好莱坞六大公司的末席带到了首位。

如果一个人只是单纯地喜欢为一些革新的想法而有意冒险,并没有实现这些想法所需的手段,那这个冒险是没有意义的。但艾斯纳却不同,在他的领导下,迪斯尼遵循其奠基人的坚定信仰,在实施任何想法和计划时坚持实行广泛的、严格的计划,并且分外重视细节。艾斯纳作为唤醒"迪斯尼"这位睡美人的王子,拯救了这个魔幻王国。

真正的聪明人,总是"挑最难的事情做,找最苦的地方待"!

我们每个人所梦想的职业都是"钱多事少离家近",都愿意过温暖舒适的日子,追求快乐安逸,逃避痛苦是人的本性。但"最难"、"最苦"的事情,总得有人去做,而且往往是克服了"最难"、"最苦"的人,才能实现成功,而那些享受安逸的人,注定一辈子碌碌无为。

2. 欲望上的减法生活——真正的成功者，要管理事情而非管理时间

罗斯福虽日理万机，但是他能确定什么是生活、工作中最重要的。

不知你发现了没有，当你每天有许多事情要处理的时候，往往会手忙脚乱，不知道先做哪个后做哪个，更不知道哪个可以暂时放弃不做，到最后把时间浪费在了一些微不足道的事情上，虽然也忙了一天，但效果并不好。

无论是在生活中还是在工作中，做事情都要有技巧，要把事情分出个轻重缓急，再按照一定的规律和顺序去完成。

首先，我们要用自己最大块的时间和最主要的精力来做最重要最紧急的事，如影响实现人生目标和工作进度的关键事情，或与自己工作生活息息相关的事情，只有快速高效地完成这些事情，才能顺利地进行下一个步骤。

其次，我们要做重要但不紧急的事，如过些天才需要的一份报告、读一本有用的书，等等。

再次，我们可以做紧急但不重要的事，如朋友邀请你玩耍娱乐，如果你前两类事情都做完了，才可以做。否则，能放弃就放弃。

最后，我们才能做既不紧急又不重要的事情，如毫无目的地看电视、上网聊天、玩游戏等。这类事既浪费宝贵的时间，又消磨人的意志。

真正的成功者，是在管理事情而非管理时间。要做到管理事情，你得确定什么在生活、工作中最重要，尔后把它们写在纸上、记在心上，并坚持每天这样做。若能养成每天列出"当日必须完成的3件最重要的工作"的习惯，你的每一天将有更多的收获。

查尔斯·舒瓦普是美国"伯利恒钢铁公司"的总裁。该公司曾经只是一家鲜为人知的小钢铁厂，却在短短5年的时间里，一跃成为世界上最大的独立钢铁厂。是什么使"伯利恒钢铁公司"得到了超常规的发展？

当初，伯利恒钢铁公司在经营上面临诸多困难，几近破产，总裁查尔斯·舒瓦普使用了许多办法也没能使企业有所起色。无奈之下，舒瓦普只好找到搞管理研究的朋友、美国效益专家艾维·利帮忙。舒瓦普对艾维·利说："应该做什么，我是清楚的。如果你能告诉我如何更好地执行计划，我听你的，在合理的范围内价钱由你定。"

艾维·利花了20分钟听完舒瓦普焦头烂额般的倾诉，表示自己可以在10分钟内给舒瓦普一样东西，这样东西能使"伯利恒钢铁公司"的业绩至少提高50%。

然后，他递给舒瓦普一张空白纸，说道："在这张纸上写下你明天要做的6件最重要的事，然后用数字标明每件事情对于你和你公司的重要性。

"现在把这张纸放入你的口袋。明天早上做的第一件事是把纸从口袋里拿出来，做第一项，不要看其他的，只看第一项。然后着手办第一项事情，直到把它完成为止。接着用同样的办法对待第二项、第三项……直到你下班为止。如果你只做完第一项，也不要紧，因为你总是在做最重要的事情。

"你每一天都要这样做。当你对这种方法的价值深信不疑之后，请要求你公司里的人也这样做，这个试验你愿意做多久就做多久。然后给我寄张支票过来，你认为这个方法值多少就给我多少。"

听了这个建议，舒瓦普哭笑不得，他私下里认为这个建议救不了他的企业，但苦于没有更好的办法，于是认真贯彻了艾维·利的建议。刚开始，他是抱着病急乱投医的心理来使用这个方法，慢慢地，他改变了对这个建议的抵触态度，并明显感到它所带来的巨大实惠，钢铁厂不再像过去那样忙乱不堪、效率不高了。工厂内一些以前看来难以克服的困难，现在在慢慢地被化解克服。

以下三个方面的说明，能帮你制定一个"周计划"，为你提供必要的指导和帮助，让你像罗斯福一样，管理好自己的时间，做一个真正的成功人士。

(1)制订计划的时间

一般来说，制订一份有意义的周计划至少需要半个小时。除此之外，你还要特别注意各个方面的平衡问题。许多人一想到"计划"二字就会自然而然地将自己的思维局限在工作上，从而仅仅注意到工作日的安排，却忽略了最为重要的双休日——要知道，这两天才是真正属于你自己的时间。

因为一周的时间相对较长，所以你的周计划中涉及的日常事务要比日计划要多出很多。为了避免在制订周计划的过程中出现遗漏，你最好为自己准备一个清单。你还记得制订日计划的理想时间吗？是前一天临睡前的一个小时！当然我们也需要在前一周就准备好周计划的清单。如果你习惯将周一看做一周的开始，那就请你在前一周的周三或周四就把这张小纸条随时带在身上，一旦想到任何与下周的计划相关的事情就马上写在清单上。等到正式提笔制订周计划时，你会发现这张小纸条的大用处！

此外，如果你打算在接下来的一周中与某个生意伙伴或朋友约会见面，也需要提前与他们取得联系，确定碰面的时间和地点之后，把相应的安排写入周计划中。如果你习惯在星期天制订周计划，那就要在周四或周五把约会都确定下来；如果你的周计划是星期一的早上在办公室完成的，你最好在周末跟朋友约定具体的见面时间——这不仅便于你制定计划，更能够给对方提供足够的时间去协调他的日程安排。

(2)系统化的计划方法

如果我们只是把眼前所有的零碎事情无序地堆砌在一起，胡乱填满一周的时间，就绝对不能说自己有"计划"。因此，在制订周计划的过程中，你必须以系统化为原则：首先，列举出这一周中尤其重要的事情和必须完

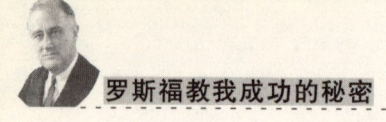
成的任务,然后把这些具体的事务跟自己的人生设想和目标联系起来,同生活的所有方面进行权衡与调整,从而得出最终的结论,并为这些真正重要的事情预留出足够的时间。

远大的理想必须通过持续的努力才能得以实现。这具体到周计划的问题上,就意味着你必须把长期的理想划成若干个以周为单位的短期目标,进一步估算出每周所需完成的工作量。例如你希望自己公司的业绩更上一层楼,赢得更多的客源,在接下来的一周你就要集中精力发展客户关系,或者根据实际情况给自己定下目标,至少招揽两位新顾客。又例如你希望拥有一间整洁的办公室,那么从这一周开始,你要坚持每天抽出一小段时间来进行清洁、整理和归类的工作。类似的例子数不胜数,在这里就不一一列举了。

在制订计划的时候,我们往往会觉得时间十分充裕,但等到计划实施时,又觉得时间似乎总是不够用。这就是缺乏时间概念的表现!要想解决这个问题,最佳方法就是专时专用。比方说,你可以把每周的小组会议安排在星期四上午10点到12点,或者把星期五下班前的半小时用来整理、汇总一周的文件。养成了习惯,你就拥有足够的时间来处理重要的事情了。这种专时专用的做法同样适用于私人生活:你可以将每个星期四的晚上用来跟妻子或丈夫外出享受烛光晚餐,重温热恋时的甜蜜感受;每个星期二下班之后你可以直接去健身房锻炼身体。久而久之,你就会发现习惯背后隐藏着强大的力量。

我们在制订周计划的同时要充分考虑到自己的实际状况——毕竟,我们制订计划的目的是要将其付诸现实。一年有52个星期,这就意味着52个制订周计划的机会。难道这还不足以使你向前迈进大大的一步吗?如果足够幸运的话,你的目标甚至可以在最后关头得以实现,因此,你没有必要急于求成,把一周的时间都安排得满满的,不给自己预留任何喘息的机会。

此外,由于周计划的内容不会十分详尽,所以在实施的过程中难免会出现一些时间空隙。一旦遇到这种情况,你有两种选择:要么充分利用这

些时间去提前完成其他重要的事情,要么什么都不干,给自己一个意外的放松机会——总而言之,千万不要因为周计划上的空白把时间白白浪费在无关紧要的琐碎小事上。

最后,请你记住:任何计划都不是死板的限制,周计划也不例外。你只有学会为自己的计划注入必要的灵活性,计划才能发挥出最大的效用。当计划有变时,你可以翻开自己的周计划看看其他的重要事宜,如此就会知道自己应该怎样利用这段突然多出来的时间了。

(3)注意劳逸结合

一周中你必须给自己留一天的时间随心所欲地安排生活:与家人共享天伦之乐,与朋友聊天谈心、休闲娱乐,发挥自己的创造力……你需要记住一句话:拒绝工作!哪怕只是短短的一两个小时!这绝不是浪费时间,因为,只有适当地放松身心,你才能为自己充电,才能保证自己在接下来的一周里能精力充沛、心情愉快地为新的目标努力奋斗。

野心是永恒的特效药,
是所有奇迹的萌发点

在罗斯福看来:"幸福并不取决于拥有多少钱财,而在于成功的喜悦和创造活动所带来的心灵震颤。"

这种心灵震颤就是野心和激情。

野心是永恒的特效药,是所有奇迹的萌发点。某些人之所以贫穷,大多是因为他们有一个无可救药的弱点,即缺乏野心,没有激情。

1. 正视激情,重视激情,用充满激情的心拥抱未来

激情能创造出财富,也能创造出奇迹,所以激情是奇迹之母。美国成功学大师卡耐基称激情为"内心的神",认为"一个人成功的因素有很多,而首要因素是激情。没有激情,无论你有什么能力,都发挥不出来"。大凡能创造出奇迹的人,都没有什么特异功能,靠的只是一股激情。

激情是一种力量,可以融化一切,正如西点军校的将军戴维格立森所说:"要想获得这个世界上的最大奖赏,你必须拥有过去最伟大的开拓者所拥有的将梦想转化为全部有价值的献身热情,以此来发展和展示自己的才能。"而我们现在要做的就是正视激情,重视激情,用充满激情的心拥抱未来。

"三月不减肥,四月徒伤悲,姐妹们,从今天开始我一定要减肥,我的柜子里还有好多漂亮裙子呢,不减肥都要穿不上了,你们可一定要监督我啊!"

"哎呀,我也要减肥,从今天起,咱们去操场跑步吧?坚持一个月,我就不信咱们减不下来!"

"好的,好的,搭伴减肥相互促进,咱们要将减肥进行到底!"

当天晚上,这几个姐妹兴冲冲地直奔操场,每人跑了3圈。大家都兴高采烈,好像已经看到了夏天里自己裙角飞扬的样子。

第二天晚上,领头的女孩说:"走,跑步去!"只有一个女孩响应。她们每人跑了2圈。在回来的路上两人已经没有了昨天的兴致。

第三天晚上,她们都在宿舍里休息,有人问:"还跑步吗?"几个女孩相视一会儿,异口同声地说:"过几天再跑吧,好累啊,我的腿到现在还酸疼呢!"

　　第四天晚上，第五天晚上……再也没有人提起跑步的事情。

　　夏天到了，她们纷纷抱怨起来："唉，这么胖，裙子都穿不上了，真是的，说减肥也没减下来。"

　　很多人都曾经历过或者耳闻过这样的事情：决定做一件事情的时候总是大张旗鼓、踌躇满志，还没有开始行动，就感觉胜利已经近在咫尺了。可是过了几天，就意志消沉，忘记了目标和胜利，也忘记了当时满怀希望的样子。

　　战国时期，魏文侯的将领乐羊子有一位贤惠的妻子。一次，乐羊子去远方拜师求学，没过多久就匆匆回来了，妻子问其缘故，乐羊子说："出门时间长了，想家而已。"妻子听罢，操起一把刀走到织布机前说："这织布机上织的绢帛产自蚕茧，成于织机。一根丝一根丝地积累起来，才有一寸长；一寸寸地积累下去，才有一丈乃至一匹。今天如果我将它割断，就会前功尽弃，从前的时间就会白白浪费掉。"乐羊子被妻子的话深深打动，离家继续自己的学业，七年没有再回来过，最终学有所成。

　　如果乐羊子出门求学时，只有3分钟的热情，那么他会同历史中很多的无名氏一样，不为其他人所知。偏偏历史的长河中，净是只有3分钟热情的普通人，他们缺乏耐性，不能持之以恒。比如，听完某个先进人物的事迹报告后，有的人会被深深触动，开始进行深刻的自我反思，决心向先进人物看齐，可是高标准还没持续几天，就产生惰性，恢复到原来的懒惰状态，结果，先进人物还是先进人物，他还是他。

　　"业精于勤而荒于嬉，行成于思而毁于随。"做事情只凭一时的激动，待激动劲头过去，就草草结束的人永远不会有所成就。一曝十寒、半途而废的人，即使离目标仅有一步之遥，也会让成功从身边溜走。晚清名臣曾国藩在《家训育纪泽》中曾告诫后人："尔之短处，在言语欠钝讷，举止欠端重，看书不能深入，而作文不能峥嵘。若能从此三事上下一番苦功，进之以猛,持之以恒,不过一两年,自而精进而不觉。"这句话告诉我们,做事情只有锲而不舍,孜孜不倦,才能有所收获。

当激动情绪消失,激素分泌减少后,初期的兴奋体验不再,你还能不能在平静甚至单调的周期内坚持下去,把兴趣培养成专长。多数人不能忍受单调和平静,更不要提孤独和痛苦。

你需要一剂扭转停滞的人生的良方:找到激情,找到愿意为目标而疯狂努力的动力。如果没有这个良方,一段时间过后,你又会回到原点。

问问你自己:什么事能够让你赴汤蹈火在所不惜?你是否曾经为了实现愿望而努力拼搏?

如果你回答这两个问题很困难,不要灰心,请到一个安静的环境里,让心情平静下来,然后试着描绘自己想拥有的东西、想去做的事与想成为的人的影像,反复练习,直到影像清晰,就能再次找回激情的力量。

内心不渴望的东西,不可能靠近自己,也就是说,你能够得到的,只能是你自己内心渴望的东西,如果内心没有渴望,便无法得到。

沸腾的开水中,每一个水分子似乎都在争相跳跃,不断向上。人的心态也应该如此,每一滴血都应该沸腾起来。如果湖水永远都平静没有波澜,就成了一潭死水,如果人生永远不能沸腾,那么就如同死去一般。

很久以前的一部电影《沸腾的生活》,讲述了一个罗马尼亚人自力更生造船的故事。罗马尼亚自行制造的5.5万吨矿砂船,在试船时因螺旋桨叶片破裂而失败,造船厂厂长科曼决定发扬自力更生的精神,想要依靠工人和技术人员的力量重新铸造,但这项决定并没有得到上级的支持,上级认为他们没有实力,不会成功。面对重重困难,科曼没有放弃,他怀着莫大的信心,坚韧不拔,最后终于铸出大型螺旋桨,让试航大获成功。

成功人士总是在沸腾的热血中生活,他们不甘于平凡,不相信失败,决定了要去做的事情就会勇往直前地尝试。

　　露丝·汉德勒这个名字也许我们并不熟悉,但是如果提起她的"孩子"——芭比娃娃,估计会引起无数女生的尖叫。芭比娃娃承载了全世界女孩的"公主"情结:漂亮的身材、都市女郎的品位、各种令人美慕的职业、健康的生活方式,还有年轻痴情的男友和世界各地不同种族的朋友。而芭比娃娃的诞生和露丝的激情创造分不开。

　　当时,露丝已经有了一个女儿,作为一个母亲、一个做玩具的商人,她十分重视孩子们的想法。一天,露丝看见女儿芭芭拉正在和一个小男孩玩剪纸娃娃,这些剪纸娃娃不是常见的婴儿宝宝,而是一个个少年,有各自的职业和身份,让女儿非常沉迷。

　　"为什么不做个成熟一些的玩具娃娃呢?"露丝脑中迸发出的灵感燃烧起了她的无限激情。

　　但实现的路却是艰辛的。在芭比娃娃诞生之前,美国市场上给小女孩玩的玩具大多都是可爱的小天使,它们圆嘟嘟、胖乎乎的,类似著名童星秀兰·邓波儿——这是大人对儿童玩具的认知,但从大孩子们的兴趣来看,这种玩具略显稚嫩,他们需要的是跟自己年龄相仿的玩伴,而不是一个小宝宝。

　　到底要把自己的娃娃做成什么样子呢?露丝苦苦思索,正好这时,她要到欧洲出差。露丝来到了德国,在那里,她看到了一个叫"丽莉"的娃娃。丽莉十分漂亮,首制于1955年,是照着《西德时报比尔德》中一个著名的卡通形象制作的。丽莉是用硬塑料制成的,高18至30厘米,长长的头发扎成马尾拖至脑后,身穿华丽的衣裙。

　　露丝买下3个"丽莉",带回美国,她告诉公司的男同事,自己想设计一种成熟的玩具,但是他们认为"丽莉"的衣着太暴露了,是满足男人幻想的产物,并不适合孩子,所以并不赞同这种想法。

　　可是露丝并没有气馁,她想:为什么我不能将这两点结合起来呢,孩子们需要的是一个成熟的,但不暴露的娃娃,小女孩不光需要与自己年龄相仿的玩偶,更需要一个长大后的理想形象。于是"芭比"的样子在露丝的脑子里越来越清晰了。在公司技师和工程师的帮助下,芭比娃娃诞生了!

　　凭借自己的热情，露丝请了服装设计师夏洛特·约翰逊为芭比设计服装。1958年，他们获得了生产芭比的专利权。这种娃娃改变了一个时代，与以往的娃娃都不一样：她是个大人，四肢修长，清新动人，身材很好，被漂亮的衣服紧紧地包裹着，她的脸上常流露出玛丽莲·梦露才有的神秘表情。她虽然只有11.5英寸高，但是既成熟又可爱。

　　芭比娃娃成就了露丝，使她成为了"芭比之母"，获得了巨大的成就。

　　看到身边一个又一个的名人，也许你也会心生羡慕；看着他们名利双收，你也许在想：要是有一天我也能如此该多好。可是，之后我们又会淡定下来：别做梦了，还是想想晚上该吃什么吧！我们会羡慕那些名人所取得的成就，却不去学习他们的精神，我们沸腾不起来，是因为我们常常忽略那些富人在多年前，也和自己一样穷，一样不被别人重视。

　　从常熟师范到北大，从大学教师到中国最富有的教师，从"新东方"到计划创建中国最高质量的私立大学，是俞敏洪到目前为止的人生经历。作为中国第一家在纽约证交所上市的教育机构，"新东方"催生了近10名身价过亿元的教师。可是俞敏洪也曾是一个被人遗忘的学生。大学三年级时俞敏洪患肺结核病休一年，从北大的1980届转到了1981届，结果1980届和1981届的同学几乎全都把他忘了。当时有同学从国外回来，1980届的拜访1980届的同学，1981届的拜访1981届的同学，就是没有人来看俞敏洪，因为两届的同学都认为他不是自己的同学。那时候俞敏洪非常痛苦，非常悲愤，非常心酸，甚至在房间里咬牙切齿，诅咒那些同学。

　　也许是同学的忽略和不重视，点燃了俞敏洪心中的沸腾之火，他忽然明白了，没有一腔热血，不沸腾起来，不努力生活、做到最好，谁会记得你呢？人生就像是死水一样不泛起波澜的人，别人怎么会注意到？要想让别人看得起，就得先让自己沸腾起来，投入生活。

　　明白了这个道理之后，俞敏洪不再责怪那些同学了。现在，1980和1981两届的同学都承认俞敏洪是他们优秀的同学。

　　如果没有对事业的热情和沸腾的激情，我们的生活会是什么样子？你的身边有没有这样的人：害怕失败所以不敢尝试，受到了歧视和鄙视的时候，不敢反抗，只会默默对自己说："淡定，淡定，不要和他一般见识。"因为贫穷从来不敢走进高档商场，偶尔遇到了势利眼的服务员，只会对骂几句，之后就把自己归入穷人的行列，把致富的希望寄托在下一代身上，他们从没想过自己去实现理想。

　　实现理想的开始很简单，只要你从现在起，让自己沸腾起来。请记得罗斯福的名言："不管最后的结果如何，至少要不留遗憾地生活！"

2. 一个人能成为什么样的人，不取决于他的家庭背景和其他外部条件，而取决于他的内心

　　穷人会习惯贫穷，也安于贫穷。他们不是没有过梦想，只是尝试过失败之后，他们变得害怕尝试，害怕失败，只安于现在的生活，并努力给自己找出守旧的理由，比如"我没有一个好爸爸，当然比不过别人"，"生死有命，富贵在天，咱没有那个命，还是等来生出生在富贵人家吧"，或者"富人也不见得会快乐，人怕出名猪怕壮，我这样平凡安稳的生活多自在"。

　　这些理由虽然听起来很合理，但实际上是在为自己找借口。我们不应把自己的失败归结到父母身上，因为事实证明很多富人、成功人士的家庭都很贫寒，他们不是生下来就含着"金汤匙"。

　　人人生而平等，不以种族、阶级差别划分人群的观念，中国自古就有。那种抛头颅、洒热血的激情人士，中华民族层出不穷。

　　公元前209年，秦政府征发闾左戍卒900人往渔阳(今北京密云)戍边。由于天下大雨，这支队伍阻留在蕲县大泽乡，不能如期赶到渔阳。是时秦法"失期当斩"，900戍卒将无一能生，而陈胜高喊出了一句话："王侯将相，

宁有种乎？"后与吴广率领戍卒，杀死押送他们的将尉，"斩木为兵，揭竿为旗"，点燃了中国历史上第一次农民大起义的熊熊烈火。

"王侯将相，宁有种乎"，有谁还记得祖先的激情演说？虽然现在的社会没有阶级差别，没有森严的等级制度，人人平等独立，可是我们越来越胆小，越来越喜欢强调自己和别人的差别，否定自己的独立性和创造性，把成功和富裕的原因都归结于外部条件。一个人成功了，大家不是感叹他的努力，而是去找各种花边新闻，证明他的成功是借助了背景的优势；如果有人成了罪犯，他的孩子往往也抬不起头做人，因为大家都觉得小偷的孩子不会是好孩子，强奸犯的儿子做不出什么好事来。

就像引人深思的印度电影《流浪者》中大法官拉古那特所说的："法官的儿子是法官，贼的儿子还是贼。"他说得那样轻松自在，扬扬得意，并按照这种简单的毫无根据的逻辑判案子。他深信不疑地将没有犯罪的青年扎卡认定为有罪的人，把他送到监狱里，原因只是扎卡的父亲是一个强盗。可现实是那么无情，在法庭上，站在他面前的真正的贼，居然是他自己的儿子。当他确信这一切都无可辩驳时，他信奉了一辈子的信念在那一瞬间就土崩瓦解。

贫民窟里的人就没有高尚的人格吗？达官贵人的孩子就一定是贵族吗？穷人的孩子就注定世世代代贫穷，永远没有出头的机会吗？当然不是这样。一个人能成为什么样的人，不取决于他的家庭背景和其他外部条件，而取决于他的内心。

如果富裕和成功真是由外部条件决定的，那么马云也许到现在还只是一名投递员。

没错，是马云，是"阿里巴巴"公司创始人、董事局主席兼首席执行官。他最早在国内到处宣讲他的"黄页"时，别人说他是骗子；当他喊出"要做全中国最好的企业"时，别人说他是疯子；当他执意要创办全世界最伟大的公司时，别人说他是狂人。然而，现在的他是中国第一位登上《福布斯》

杂志封面的企业家,他的"阿里巴巴"被评为全球电子商务第一品牌,他还是比尔·盖茨、克林顿和布莱尔的朋友。2000年,他被"世界经济论坛"评为2001年全球100位"未来领袖"之一;美国亚洲商业协会评选他为2001年度"商业领袖";2004年12月,他荣获CCTV"十大年度经济人物奖"。

功成名就的马云并非出身于显赫的家庭,也并非毕业于哈佛、牛津、耶鲁等名校,他甚至不是国内重点大学的毕业生,他和多数大学生一样只考上了一个一般的本科院校,而就连这一个本科院校,也是马云考了3次才考上。可以说,年轻时的马云似乎诸事不顺。

从初中到高中,马云除了英语成绩非常拔尖,其他学科成绩都很平常。严重的偏科导致他第一次高考,英语成绩全年级第一,数学倒数第一。

高考落榜后,马云和表弟去一家宾馆应聘保安,结果,表弟被录用了,马云却因个头矮被淘汰。当时他很受打击,但还是找到了蹬三轮给杂志社送刊物的工作。沉重的体力劳动让马云渐渐忘掉了高考落榜带来的痛苦,他甚至认为,那是适合自己的生活方式。但马云的父亲鼓励他说:"你每天蹬20多公里路都不累,为什么就不能再走一遍高考的路?别人能考上,你就比别人笨吗?"

马云的斗志被激发了出来:"是啊,为什么别人可以考上,我就考不上?我要参加第二次高考!"然而这次,他的数学只考了19分,总分和本科录取线差140分。但马云还是斗志昂扬,没有放弃,毅然决定参加第三次高考。1984年7月,马云第三次参加高考的成绩依然与本科线差5分。或许他的坚忍感动了上苍,当年杭州师范学院本科没招满,他读了本科,还被调剂到自己喜欢的英语专业。

如果没有昂扬的斗志,马云或许还是过着蹬三轮送杂志的生活,和现在的很多年轻人一样,没有学历,没有能力,没有背景,没有激情,只是日复一日地抱怨现状,把失败的原因归结于自己没有显赫的家庭背景。现在,我们不妨认真地思考:自己是不是也有这样的心态?工作是做事情还是做事业?

人为什么要工作？劳动究竟为了什么？现在多数人已经丧失了对工作目标和意义的正确认识，丧失激情，丧失动力。虽然心里不愿工作，但为了吃饭不得不干，基于这种心态，很多人都希望自己的工作又轻松又能多赚钱。

有一个很有名的故事在经济学界广泛流传，人们称之为"管道效应"。故事是这样的。

很久以前，在意大利的一个小村子里，有名叫帕特和布鲁诺的两位年轻人。他们是堂兄弟，也是最好的朋友，他俩雄心勃勃，渴望有一天能通过某种方式，成为村里最富有的人。

一天，机会来了。村里决定雇两个人把附近河里的水运到村广场的水缸里去。接到任务后，两个人分别抓起两个水桶奔向河边。花费了一天的时间，他们就把整个镇上的水缸都装满了。村里的长辈按每桶水一分钱的价格付钱给他们。

这在当时的确是份好工作，收入很高。有一天帕特找到布鲁诺说："我觉得这份工作很好，但是你考虑过没有，当我们老了怎么办？我们病了怎么办？我们干不动了怎么办？我觉得我们应该挖一个管道把水引进村里来。"

布鲁诺听后说："你疯了，我们现在的收入多好！我算过，我们每天可以提一百桶水，每一桶水有一分钱的收入，我们每天就有一元钱的收入。"在当时这一元钱是很大的数目。

接着他说："我们有这么好的收入，我们为什么要去冒那个险？我们现在的收入可以让我们隔一两个星期买一双皮靴；我们好好地干，几个月可以买一头牲畜，买我们需要的。我们为什么要去挖那个该死的管道？那个管道怎么挖？挖成了又会怎么样？挖不成怎么办？我不去冒那个险。"

帕特说："我去做。"帕特除了每天完成他的提水工作外，还利用业余时间一寸一寸地挖管道。很多年以后，管道终于挖成了，这时的布鲁诺人也老了，背也驼了，提水有点吃力了；而帕特管道里的水却源源不断地流

入了这个村庄,再也没有人去买布鲁诺的水,布鲁诺又变成了穷人。

人对工作的态度大致可以分为三种:一种是把工作当成职业,一种是把工作当成副业,还有一种是把工作当成事业。很显然,故事里的布鲁诺属于第二种人,他得过且过,有吃有喝就够了,不会作长远的打算。而挖管道的帕特则属于第三种人,他不是为了工作而工作,而是努力工作并且完善工作,以求达到最好的结果。

对工作没有激情的人,不喜欢工作,厌恶工作,总是浑水摸鱼逃避自己应尽的义务。而对工作充满了激情的人,会将工作当成自己的事业,他们认为工作是"万病良药",并且通过努力地工作扭转人生。

著名的棒球运动员杰克·沃特曼正是凭借着激情的工作,扭转了失败的人生,创造了一个又一个奇迹。

"当我退伍后,我加入了职业球队,但不久就遭到有生以来最大的打击,我被开除了。我的动作无力,因此球队的经理有意要我走人。他训斥我说:'你这样慢吞吞的,哪像是在球场混了20多年。杰克,离开这里之后,无论你到哪里做任何事,若不提起精神来,将永远不会有出路。'"杰克回想起这段往事,仍然对经理充满了感激,因为经理的训斥让他发现了自己的缺点,并决心去改正。

杰克在职业球队的月薪是175美元,离开之后,他加入了亚特兰大球队,月薪减为25美元。薪水这么少,换作其他人会更没有激情和干劲,但杰克决心努力工作。待了大约10天之后,一位名叫丁尼密亭的老队员把他介绍到罗杰斯曼顿镇去。在罗杰斯曼顿镇的第一天,杰克的人生有了一个重大的转变。他发誓要成为得克萨斯最具激情的球员,并实现了这一誓言。

杰克上场的时候,就好像全身带电一样。他强力地击出高球,使接球手的双手都麻木了。记得有一次,他以猛烈的气势冲入三垒,把那位三垒手吓呆了,让自己的盗垒成功了。当时气温高达华氏100度,杰克在球场上奔来跑去,极有可能中暑而倒下去,但是他仍然保持激情满满的状态。

这种充满激情的工作态度所带来的结果有目共睹，杰克的球技变得出乎意料的好。由于他的激情，其他队员也都兴奋起来。第二天早晨，杰克翻阅到当地的报纸时变得无比兴奋。《得克萨斯时报》写道："那位新加入的球员，无异是一个霹雳球手，全队的其他人受到他的影响，都充满了活力，他们不但赢了，而且是赢了本赛季最精彩的一场比赛。"

由于这份将工作当成事业的工作激情，杰克的月薪由25美元增加到185美元，提高了约7倍。在后来的2年里，他一直担任三垒手，薪水加到当初的30倍之多。

为什么而工作？是单纯的为了养家糊口吗？如果是以这样的想法工作，那工作就是一件辛苦的事情。有志向的人不会这么想，他们把工作当成一份事业来追求，并通过努力工作来提升自己的心智，取得巨大的成就。

没有激情的人就像一朵没有浇过水的花，很容易枯萎。激情让人的生命真正地燃烧起来，充满了激情的生活使我们的生命力更加旺盛。激情是一种年轻的体征，越年轻的人越容易有激情，不过反过来也成立，越有激情的人也越容易保留住年轻。

孔子说"三十而立，四十不惑，五十而知天命"，人们普遍认为人到了50岁就该安享晚年了。国家规定的法定退休年龄也在50岁到60岁间。在这个年龄段的人大多都觉得自己的一生已经基本定型了，可是我们经常看到很多企业家或者成功人士，虽然50多岁，却依然焕发着创业激情，言谈中流露出再创一番伟绩的雄心壮志。

有一位先生，看起来只有40多岁，但当人们看到他的档案材料时，会惊讶得目瞪口呆：原来他已经70多岁了！他是一家企业的老板，企业虽然不大，但发展速度很快。很多人都好奇地问他为什么显得如此年轻。他说："因为我一直想做出更大的成绩，我一直不承认自己老了，所以我总是老得很慢。"

有些成功的人，从来不认为自己老了，也从来不觉得自己创业晚了。

有位传奇式的创业者，50岁时辞去某市级医院副院长的职务，蹬着三轮车卖起了自己研制的速冻汤圆，63岁的时候，他成了世界公认的中国速冻食品的创始人，他就是郑州"三全食品公司"掌门人陈泽民。

1989年，年近50岁的陈泽民依然激情万丈，想着开创一番事业。有一次，陈泽民回想起自己某年冬天到哈尔滨出差，见当地人包饺子一次包很多，吃不完就放到户外冻着，于是突发奇想：饺子能冻，汤圆也应该能冻，将自己家做的汤圆冷冻起来拿到市场上卖，肯定会受欢迎。陈泽民决定做汤圆。3个月后，从原料配方到制作工艺程序，从单个粒重到包装排列，从包装材料到包装设计，从营养、卫生到生产、搬运等，陈泽民拿出了整体设计，做出了中国第一颗速冻汤圆，并先后申请了速冻汤圆生产发明专利和外形包装专利。

虽然新产品有了，但如何才能让商家和客户接受呢？为了引导需求，每天一下班，年近50岁的陈泽民就蹬着三轮车开始推销产品。他拉着燃气灶和锅碗瓢盆，到市内的副食品商店，现场煮给人家品尝。之后，他又一个人开着一辆花4000元买来的二手面包车，拉着冰箱、锅碗瓢盆、燃气灶，到全国各地现煮现尝地跑推销。如今，小小的汤圆已经为陈泽民带来了数以亿计的财富，更为中国开辟了上百亿元的速冻食品市场。

年过花甲的人仍然有激情，做自己想做的事情，那么年纪尚轻的我们又有什么理由认为自己的人生已经注定，一切都难以改变了呢？如果我们放弃梦想和激情，我们的人生就失去了光彩，如此，成功和财富都不会靠近我们，青春也会早早逝去。

所以，用激情来武装自己吧，激情是最好的化妆品，没有激情，再昂贵的化妆品也难掩饰一个人内心的老态，再漂亮的彩妆也会因为举手投足间的死气沉沉而显得苍白。激情，是一切美好的开始。充满激情的老板，会让员工也死心塌地追随。他们激情满怀，着眼之处充斥着机会，就像拿破

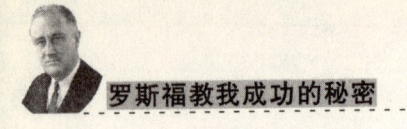
仑说的那样："只有二流的人物才等待机会,我呢? 创造机会!"

充满激情的员工,会让老板对其刮目相看。很多人的能力的确不错,可是没有激情。对他们来说工作是苦役,所以无法发挥自己的能力。这样的人,怎么可能成功?

拥有激情的人,总是让人不由自主地去羡慕和追随。我们不妨问问自己,想要年轻吗? 想要成功吗? 如果答案是"想",那么请先保持一颗充满激情的心!

延伸阅读:成功人士的身体密码

罗斯福每年有不少假期可供休息、娱乐:每年冬天,他要到奥尔巴尼住上三四个月;每年四五月份,他会去温泉疗养或到海德公园消夏;每逢节假日,他的州长官邸就成了朋友们的聚会场所,他的儿子以及朋友们会聚集在一起,谈天说地,让欢声笑语充满整幢房子。

"身体决定一切"听上去像是一个很空泛的口号,因为我们曾经无数次地听到"态度决定一切"、"权力决定一切"等话,但是,那些真的是无用的吗? 你对"身体决定你的一切"抱怀疑态度吗?

20~30岁:少吃甜食,少饮酒,少吸香烟

在这一年龄段,人体新陈代谢开始变慢,甜食由于热量过高,容易转化成脂肪堆积在腹部,所以最好少吃或戒掉。由于这一年龄段正是干事业、交朋友的大好时机,娱乐、喝酒的机会较多,因此你要注意饮酒量。酒会增加人患肝癌、口腔癌和喉头癌的可能性,还能使血压升高,导致心脏病或心肌梗死。过量地饮酒还会影响性生活的质量。

也请你不要抽烟。抽烟会使你减少10年的寿命。由于吸烟会增加患心血管病、肺癌和呼吸器官疾病的几率,因此,这一年龄段的人最好戒烟,如一时戒不了,应多吃胡萝卜、葱蒜、菠菜和橙黄色的水果,多吃鱼类,经常喝茶等以减轻烟害。你还要经常锻炼身体,时常做深呼吸。为延缓肌肉衰

老，你要多做运动。但运动项目的选择颇有学问，那些更像娱乐的运动对你才更有帮助。这些运动既可促进你体内多余热量的消耗，又可维持人体正常的物质代谢。如果此时不加紧时间锻炼身体，你到70岁体能会下降三分之二。

30~40岁：劳逸结合，防止噪音，护好皮肤

进入而立之年，我们的皮肤开始变得松弛，眼睛周围开始出现皱纹。这时我们应该少晒太阳，经常涂抹润肤霜，防止皮肤干燥。

这一年龄的人所面临的另一个问题是听觉下降，这是工作和生活环境中的噪音造成的。如果你是音乐发烧友，就少听一些重金属音乐，若在噪音比较大的岗位上工作一定要戴上耳塞。

血液中胆固醇的含量会随年龄增长而升高，堵塞血管的低密度脂类物质也会不断增加，而有助废物排泄的高密度脂蛋白却在减少。所以此时注意饮食显得尤为重要。为增加高密度脂蛋白的含量，宜进食较为清淡的食物。

专家建议，这一年龄段的人应该着手预防肾脏疾病，每天喝8到10杯清水。35岁后，人的小腹很容易凸起，所以进行体育活动时你千万不能三天打渔，两天晒网。

成年人诸事繁杂，情绪紧张会对进食有所影响，如果你不定时定量地进餐，可能使肠胃受损影响情绪与睡眠，而情绪与睡眠的质量又会影响你的进食，从而形成恶性循环。我们在劳累与紧张时，很可能出现头晕气短、精神涣散的症状，身体较弱者尤是如此。所以，在饮食中应有意识地多吃些富含蛋白质的食物，如牛奶、鸡蛋等，并注意均衡自己所摄取的多种营养，才可使自己营养充足、精力充沛。

40~50岁：活动双目，勤查身体，放松肌肉

这一时期最令人头疼的问题是视力下降。糖尿病是导致失明的最常见病因，所以，我们应定期去医院做检查。平时我们不妨多做一些眼部练习，可以上下左右慢慢转动眼球或是伸出手臂，用大拇指在身体前画8字，目光跟随拇指移动。每天花15分钟做这一练习，能够有效预防老花眼和白内障。

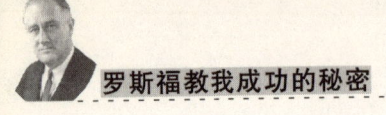

　　繁忙的工作令人神经紧绷,利用简单的肌肉松弛法,可以达到放松全身的目的。方法如下:找个地方坐下,快速地拉紧身体某一块肌肉并持续5秒钟,然后再慢慢放松。反复进行肌肉收紧、放松动作,从头、眼睛到脚趾。

　　改变几年都不去医院的坏习惯。许多人不爱去看医生,据统计,有80%的重病患者承认自己是长期不去医院,才让小病酿成大病。故每年例行体检是保持健康的最好方法。

　　50~60岁:保护牙齿,锻炼肌肉,多用大脑

　　医学研究表明,人体内的胆固醇含量在50岁以后就会停滞,所以这一时期的你要尽量少吃奶油面包等高热量食品。这一时期人体免疫系统的机能会有很大的退步,更容易罹患各种疾病,恢复健康需要更多的时间。这就要求人们在选择食物时宜以富含维生素C、E和胡萝卜素的食物为主,因为它们有利于平衡体内的化学反应。

　　口腔保健也很重要,因为此时易产生牙龈萎缩。脸部也容易发福,出现双下巴,所以你不妨做一些面部按摩。这个年龄的男性最大的毛病是排尿困难。这一时期男女共同面临的主要问题是身体消瘦,体重的下降来自于人体肌肉的减少,肌肉在人体内所占的比重大于脂肪。在这一年龄段,体重减轻是人体衰老的危险信号,而肩部和手臂处的皮肤会松弛得最厉害,所以你需要定期锻炼肌肉。

　　这时,人的身高会有所下降,大约是每20年缩1.5厘米左右。头发的光泽也会逐渐黯淡。你可以用一些富含营养物质的护发素。不过,你千万别忘记锻炼大脑,平时可以多看书报杂志,做做智力题。

　　60~70岁:善待人生,增强体力,健康饮食

　　在这一年龄段,人的外表特征将会发生明显的改变:皮肤更为粗糙,脸部开始出现大小不等的老年斑;鼻子显得更长更宽,耳垂多肉;记忆力变得越发糟糕;腿和腰会变得迟钝。腿的力量一旦减弱,人就容易跌倒,甚至导致卧床不起。

　　你在进行体育锻炼时,应每天坚持一刻钟做屈膝、伸直的动作,并且坚持每天到户外散步、做广播体操等。此时最重要的是保持乐观的心境,

不让外表的变化影响情绪。同时,为防止各种癌症的发生,你应多食用具有防癌作用的食物,例如:新鲜蔬果,尤其是菠菜、番茄、芹菜、苹果、枣子、柑橘、菠萝、豌豆、豆芽菜、地瓜、胡萝卜等;含有多糖体的植物:香菇、草菇、木耳、银耳、猴头菇、洋菇等;海产品:海参、海带、紫菜、蛤蚌、乌贼、鱿鱼、淡菜、虾、海蜇皮、鲍鱼等;含有微量金属元素之食品:蛋、芝麻、肝、肾、麦芽、荸荠、薏仁、菱角、百合、山药、茶叶等。

　　虽然上述食物皆有防癌、抗癌之效,但天天食用,会摄取过量,你须全面均衡饮食、不偏食,才能获得抗癌之效。你还应尽量少吃油腻和油炸食物,多吃植物油,少吃动物油,适量饮用红葡萄酒,以降低胆固醇含量。